每日好D

【實踐版】

江坤俊醫師的
日日補D計畫

江坤俊 醫師 —— 著

維他命D並不神奇，
只是現代人都缺少它！

　　寫書真的很累，寫第一本的時候，告訴自己不要再出第二本，結果寫了第二本……。第二本寫完之後，我真的告訴自己，再寫就是呆子，因為，寫書真的很累！！結果，我要出第三本書了……。

　　這本書是關於維他命 D 的實踐版，是我自己想要寫的。

　　大家都知道，我出國到美國波士頓研究的是維他命 D，回國後本來想把有關於維他命 D 的正確觀念告訴大家，但那時的我實在是人微言輕，引不起多少的共鳴，一直到幾年前有機會上媒體，才開始有了所謂的知名度，能把自己想說的話告訴大家。

　　《一天一 D》出版後，我得到很多的鼓勵，當然也遭受了很多的批評，有很多類似學者的人，會發表一些文章來攻擊我，甚至還包括和維他命 D 毫無關係的學者，或是連學者都稱不上的專家？？

　　你知道為什麼我還是決定出維他命 D 的第二本書？因為你們，因為這兩年你們給我的回饋實在太多了。

　　那天妳哭著到我的門診，說妳肚子痛，腸躁症已經好幾年了，妳說再這樣痛下去，妳都不知道活著的意義是什麼。我很高興在妳

補充維他命 D 之後，症狀能得到大幅的改善，妳後來回門診臉上帶著的笑容，我一直都記在腦海裡。

　　長期被失眠困擾的妳，常常會因為吃安眠藥搞到隔天昏昏沉沉的，妳說妳很痛苦，每天晚上看著手上一大把的安眠藥，妳很不想吃，但不吃妳根本睡不著，妳說妳不知道自己這樣還能撐多久。我很高興妳在補充維他命 D 之後，服用的安眠藥大大的減少了，有時甚至不用吃藥也能一覺到天明，妳在我門診一直向我鞠躬道謝的樣子，我到現在也沒有忘記……。

　　就是因為你們，我決定再寫這一本關於維他命 D 的書，我想讓更多人認識維他命 D，能從維他命 D 身上得到更多的好處。

　　我常說，維他命 D 沒有多偉大，維他命 D 是人體內本來就該有的一種營養素，只是現代人的生活模式讓我們遠離了它，我想幫大家找回它，更重要的是，教會大家如何善用維他命 D。

　　最後，我還是要感謝我的父母，感謝你們倆對我的栽培，從小我們家雖然不富裕，但你們從來沒有讓經濟剝奪我任何學習的機會。

　　我要感謝我的家人，謝謝你們總是在我身邊，不管我的人生多麼的起起伏伏，當我回頭總是能看到你們的身影。

　　我要謝謝我所有的粉絲們，謝謝你們，這幾年給我的鼓勵和支持，是我一直在這條路上走下去的最大原因，謝謝你們，讓我無懼任何的批評和攻擊，因為我知道，你們一直都在。

Contents

Part1　為什麼我們要補充維他命D？

全身的每個細胞幾乎都有維他命D的接收器，
身體許多功能運作它都參與其中。
當維他命D不足，身體就容易發炎，長期下來就會大小病不斷。

Part2 無病無痛，也要補充維他命D？

不管大人、小孩，身體無病無痛或是處於生病狀態，
藉由補充維他命D可改善身體的免疫力，讓生活更健康、有品質！

〈讓生活更有品質〉

Part3 生病了，維他命D守護你的健康

當血液中的維他命D濃度越低時，某些癌症的發生率就會特別高，
所以不要讓體內維他命D過低，就能預防罹患癌症的機率。

〈補D顧健康〉

Part4 日日好D家常料理

在大自然的食物裡，含有維他命D的種類並不多，
需要特別的搭配在每餐的料理中，才能自然而然的從食物中攝取得到。

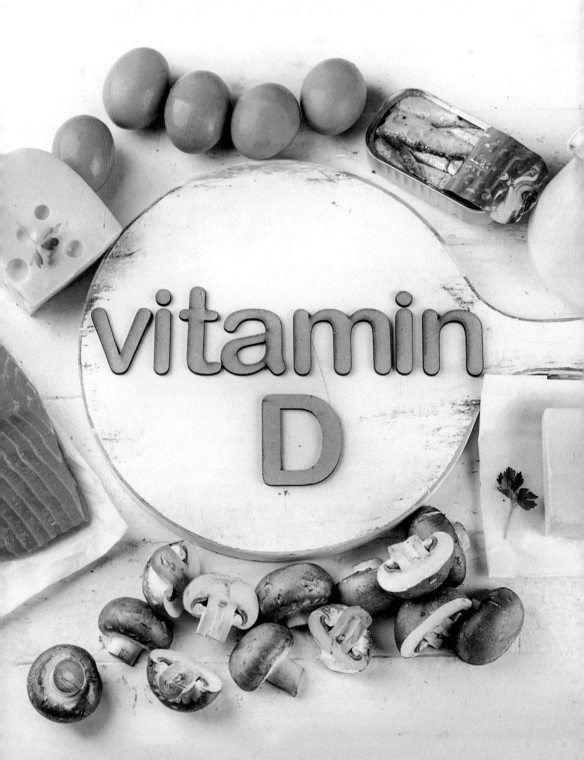

Part 1

為什麼我們要
補充維他命D？

維他命有 A、B、C、D 等等，

為什麼現代一般人需要特別補充維他命 D？

維他命 D 除了保骨本，竟然還有許多重要益處？

本章將用深入淺出的方式，帶大家徹底認識維他命 D，

找回這個從前被低估的營養素！

1

維他命D
不只是維他命

　　很多人會問我，一位外科醫師，為什麼要特別談論維他命D呢？我想說的是，因為我研究維他命D已經十年了，我了解它，而很多人都錯怪它了…，所以我想要導正大家對維他命D的錯誤觀念。

　　維他命D（也稱為維生素D）大家都耳熟能詳，一聽到它都會先想到具有保骨本的用途，因為我們從小就被教育：小朋友如果要長高，就要多補充維他命D和鈣。

　　不過，要和大家鄭重澄清一個觀念，維他命D不是「單純的」維生素，它是一種「功能類似」荷爾蒙的東西，但也不是荷爾蒙。為什麼會這麼說呢？要先從維生素的定義說起。

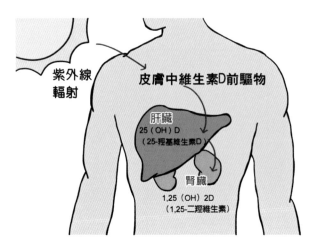

紫外線
輻射

皮膚中維生素D前驅物

肝臟
25（OH）D
（25-羥基維生素D）

腎臟
1,25（OH）2D
（1,25-二羥基維生素）

▲ 維他命D主要是經由陽光照射皮膚後，由人體自行產生。

維生素的命名是按照發現的先後順序而來，最早發現是A、B、C……以此類推，D是第四個被發現的。當初在定義維生素的時候，是指「維生素是一種少量的營養素，在體內負責催化一些重要的生理作用，而且人體無法自行合成，一定要透過外在途徑來補充」。但就我們現在對維他命D的了解，它主要是經由陽光照射皮膚後而由人體自行產生（既然人體可以產生，當然就不符合維他命的定義了），而且它的功能非常多，且和荷爾蒙較為相似，顧骨頭只是其中極小一部分，維他命D幾乎可以作用在人體的每一個器官。

江醫師小教室

Q：維他命D是功能類似荷爾蒙的東西，一些婦女相關的疾病，像是乳癌、子宮內膜癌、子宮肌瘤能補充嗎？

A：可以，維他命D是功能像是荷爾蒙，但不是荷爾蒙。另外荷爾蒙和女性荷爾蒙是兩回事。事實上維他命D的補充，對一些婦女癌症和疾病都被文獻報導有一定的療效（請見本書第三章）。

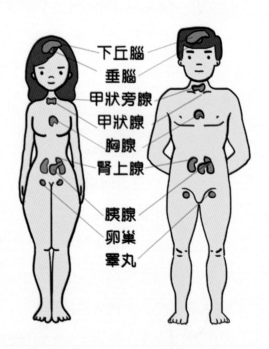

下丘腦
垂腦
甲狀旁腺
甲狀腺
胸腺
腎上腺

胰腺
卵巢
睪丸

▲ 人體的八大分泌荷爾蒙腺體，而維他命D
　作用的方式比較像是這些荷爾蒙。

▍補充維他命 D 的三大來源

　　我們補充維他命 D 有三種來源：曬太陽、食物、還有專門補充劑。一般以一個正常人來說，假設你沒有特地額外使用補充劑，那麼獲得維他命 D 的途徑，曬太陽大致占了 90%，食物約占 10%。

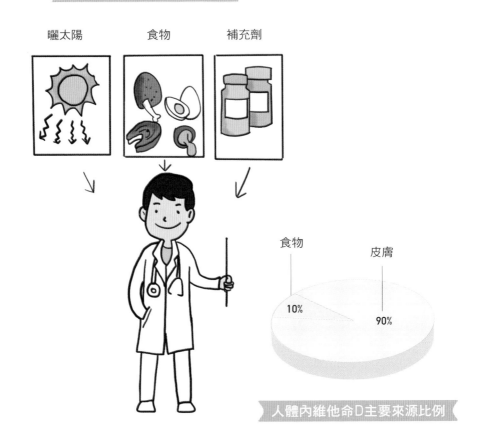

人體內維他命D的三種來源

曬太陽　　　食物　　　補充劑

食物　　　　　　皮膚

10%　　　　　90%

人體內維他命D主要來源比例

維他命 D 的來源 ① ：曬太陽

不過想要以曬太陽的方式獲得維他命 D 有一個限制，不是光曬太陽就有用，還要曬對了才會有維他命 D。

因為太陽光的波長是有很長一段範圍的，但只有波長在 290～315 nm 的太陽光才有能力把皮膚底下的維他命 D 前驅物轉換成維他命 D，但早上和下午的太陽都是斜射的，所以陽光經過大氣層的距離會比較長，能有效轉換維他命 D 這段波長的陽光會被過濾掉很多。

所以如果想靠曬太陽得到維他命 D，最好是中午 11～13 點時，陽光直射時穿過大氣層的距離短，而且請不要擦防曬油……。

◀ 中午11～13點的陽光，才能使人體獲得維他命D。

在台灣，若想採用曬太陽補充維他命 D，還必需考慮紫外線的問題。尤其是中南部一年之中有一半以上的時間，紫外線都呈現過量級或危險級，只要沒有做好防曬，你的皮膚在大太陽下曬超過 15 ~ 20 分鐘就容易曬傷，長期下來反而會提早衰老及增加皮膚癌等問題。

另外，我常跟大家強調，曬 15 分鐘的太陽，身體的維他命 D 大概就是到保骨本、預防骨質疏鬆的程度而已。根據這幾年的研究顯示，如果想達到抗癌的濃度，光曬陽光是不夠的，因為不管再怎麼曬，體內維他命 D 的濃度到了一個程度就上不去了，所以多曬無益，還是得靠口服的維他命 D 來補充，才能達到抗癌的濃度。

另外，大家會不會認為既然我們身上這麼缺乏維他命 D，是不是曬越久就可以產生越多的維他命 D？其實，曬越久維他命 D 的濃度並不會越高，原因有兩個：一、當你曬太陽皮膚產生維他命 D 後，需要血液把維他命 D 運走到其它器官，如果不停的繼續曬，陽光會把這些來不及被血液運走的維他命 D 轉換成其他產物；二、曬越久你的皮膚會越黑，皮膚越黑陽光也會被阻擋住。

所以，如果要靠曬太陽來補充維他命 D，只需要曬 10 ～ 15 分鐘即可，曬 30 分鐘並不會比曬 15 分鐘的濃度多更多，重點還是在於選對曬太陽的時間。

▌維他命 D 來源 ② ：食物

補充維他命 D 的第二個途徑是從食物中而來，但人體腸胃道對維他命 D 的吸收並不好，加上食物裡其實含有維他命 D 的種類不多，就算有，量也不高，所以要完全靠食物獲得充足的維他命 D，其實是有相當的困難。

一般的食物中，有哪些可以獲得維他命 D 呢？最常見的就是魚類，尤其是鮭魚。但如果要一個人一天到晚吃那麼多鮭魚，可能會覺得噁心想吐吧。除了魚類，其他像是牛奶、植物、藻類都含有少量的維他命 D，可是植物、藻類的維他命 D 又不太一樣。維他命 D 有分 D2 和 D3，在動物裡面的大概都是 D3，植物裡面是 D2，這兩個的作用還是有差別的，D3 的作用比 D2 強。

 100g的木耳，維他命D含量有近2000IU，平日可以多加攝取，但如果每天想要靠單一食物補足是有困難度的。

所以要從食物中攝取維他命 D 的話，可以多吃魚類、藻類、香菇這類食物，但人體腸道對維他命 D 的吸收並不佳，所以單純想靠食物補足維他命 D 的話，可能還是有些難度，還是建議可額外吃一些綜合維生素或是維他命 D 專門的補充劑，更為直接有效果。

▍維他命 D 來源 ③：補充劑

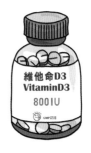

除了陽光、食物，最後就是補充劑了。很多人會問我，補充劑有哪些、要怎麼選？現在在市面上可以看到的，有些是錠劑、膠囊，也有些是滴劑。很多人都問我哪個比較好，我的建議是視個人體質而定，你吃錠劑效果好，他吃滴劑效果好，怎麼評估要選哪種呢？所以很簡單，就看你補充完，血中維他命 D 濃度有沒有上升就好，只要你吃了之後，血中濃度有上升，就代表你的腸胃道對這一個品牌或是類型的吸收效果很好。當然還要看你吃了這一牌的維他命 D 後，有沒有任何不舒服的情形。

所以沒有那一品牌最好，選擇適合自己的就是最好。

2

外食、防曬，
現代人普遍缺D

我常常被問到，江醫師為何都建議大家補充維他命 D？理由很簡單，因為一般現代人普遍都缺乏 D。為什麼？因為現在大家都努力防曬，加工食物又吃一大堆。

舉例來說，我絕對不會叫你的阿公阿嬤去補充維他命 D，因為他們天天都在太陽底下工作，食物也吃原型食物，你覺得他們會缺維他命 D 嗎？可是你覺得你目前的生活型態可以做到和他們一樣嗎？真的很難，現代人外食居多，加工食品也吃得多，出門也幾乎都在防曬，所以我常說，不是我要大家吃維他命 D，是因為大家真的缺很大，維他命 D 本來就是上天要透過陽光給予我們的，是現代人的生活模式讓我們遠離了它，

☑ 中午11～13點

▲ 如果你的生活型態是常曬太陽、吃原型食物,也許維他命D
不至於缺很大(但也不代表充足)。

所以，我的重點是要大家找回失去的維他命 D，不是特別補充維他命 D。

我在門診中，一百個來抽血檢查維他命 D 的病人，維他命 D 含量及格的大約只會有 2～3 個，其他都低於標準值以下。像我自己也是缺很大，因為我沒有時間曬太陽，早上出門太陽都還沒升起，回家時天空頂多剩下月亮，吃飯也是有一餐沒一餐的，所以我就只能選擇補充劑，這是沒有辦法的事。

為什麼我不會特別叫你要去補充其它的維生素，而只強調維他命 D 呢？因為其它的維生素在食物裡很容易獲得，只要你不特別偏食，一般而言，並不容易缺乏其它維生素。

江醫師小教室

為什麼普遍現代人都會缺乏維他命 D？

❶ 因為含有維他命 D 的食物並不多。

❷ 因為腸胃道對維他命 D 的吸收功能不好。

❸ 因為大家都拼命防曬、很少曬太陽。

③ 體內維他命D含量和癌症可能有關！

　　近十幾年來，癌症發生率愈來愈高，維他命 D 跟癌症的研究日新月異，我們發現有很多癌症的發生率跟血液中維他命 D 的濃度成反比，意思就是說當血液中的維他命 D 濃度越低時，某些癌症的發生率就會特別的高，而且在罹患癌症的族群裡，若患者的維他命 D 濃度愈低，預後也會比較差，特別是大腸癌、乳癌、前列腺癌最明顯，現在有很多流行病學研究也支持這個理論了。

　　原因是什麼呢？因為維他命 D 可以影響很多致癌基因的表現，所以很多維他命 D 濃度特別低的人，他們身上細胞的致癌基因有可能會表現比較強，理所當然得到癌症的機會會

比較高。那如果讓維他命 D 濃度變得超高就完全可以預防癌症呢？這個目前為止是不清楚的。我們目前看到的是維他命 D 濃度最低的那一群人，得到某些癌症的機率是比較高的。

　　所以結論是，不要讓自己體內維他命 D 太低，因為太低罹患癌症的機率就會變高。

江醫師小教室

Q：哪些癌症可以藉由補充維他命 D 來預防呢？

A：任何癌症都可以藉由補充維他命 D 來預防，只是有的研究證據較強，有的較弱。目前很多癌症的發生率和血中維他命 D 的濃度成反比，但我必須說明的是，每個癌症可能需要的維他命 D 預防濃度並不一樣，所以要建議一個最好的維他命 D 補充量有點困難，而且每個人的吸收也不一樣（通常是飯後吃，因為維他命 D 是脂溶性）。

所以確實要補充多少，真的很難給一個最好的建議。我自己現在每天吃 1000 ～ 2000IU，我的癌症病患每天 2000IU 起跳，但我會定期追蹤他們血中維他命 D 濃度，因為我心中有一個我想要的值，而我心中的這把尺，會根據病情不同而有不同。

Q：癌症病人什麼時候適合開始補充維他命 D ？

A：當癌症確診後，就請開始補充維他命 D，並建議至少從 2000IU 開始，化療中絕對不要停止。維他命 D 早已被證實會增加很多化療藥物的效果，同時還可能可以降低一些化療藥物的副作用。化療完畢後，請持續補充，因為你要利用維他命 D 來預防癌症的復發。癌症是一種慢性病，所以請將補充維他命 D 當作日常照護的一部分，一輩子持續補充。

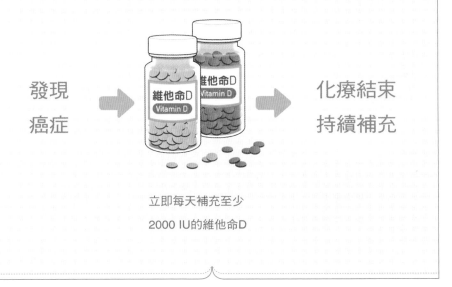

發現
癌症

化療結束
持續補充

立即每天補充至少
2000 IU的維他命D

4

補充維他命D，是對身體健康最高的投資

　　我常常提到維他命 D 的功能，有別於過去大家認為維他命 D 該有的補骨概念，事實上，只要我們身上的細胞有維他命 D 的接受體，維他命 D 就會和它結合到細胞核內去影響基因的表現，這個作用和我們人體的荷爾蒙是很像的。以前我們常聽到，像是孩子長高要吃維他命 D、老人預防骨鬆要吃維他命 D，如果你常去看我的 FB 或是常聽我的演講，就會知道我常說：如果你不想要自己得到過敏、癌症、老人失智的機率比別人高，至少要將維他命 D 補充到正常值。

　　剛開始提倡時，常常被很多人質疑這是什麼原理，其實就是因為維他命 D 接受體存在於我們全身上下的細胞，因此幾

乎所有細胞通通都受到維他命 D 調控，它的作用就是如此廣泛。另外，我們每個人的身上大約有 3 ～ 4 萬個基因，補充維他命 D 後，身體最少有超過 6 千多個基因表現會受到影響。

維他命 D 代謝後是水溶性，不易中毒

在此，我要強調的是維他命 D 除了保骨之外，和身上很多細胞作用的關係非常大，因為它不只是維生素，它是類似荷爾蒙的一種物質。

另外，維生素可以分為兩種：水溶性維生素和脂溶性維生素。水溶性維生素易溶於水，而不易溶於非極性有機溶劑，吸收後體內儲存很少，過量的會從尿液中排出，且容易在烹調中遇熱破壞；脂溶性維生素，則易溶於非極性有機溶劑而不易溶於水，被人體吸收過量後會儲存在脂肪，排泄率不高。每種維生素通常會參與多種反應，因此大多數維生素都有多種功能。

我常聽到很多病患擔心的問：「脂溶性維生素不能多吃，吃多了會中毒，那麼維他命 D 補充太多會不會中毒？」事實上水溶性維生素也有可能中毒，但是不容易發生，因為它很快就排出人體。以 B 群為例，很多人都狂補，因為 B 群和神經的穩定以及提振精神有關係，所以許多人全身痠痛或是熬夜時，都會瘋狂的補充，但你知道嗎，過量的 B 群也是有可能導致神經發炎的。

維他命
可分為兩種

水溶性
維他命
（維他命B、C）

脂溶性
維他命
（維他命A、D、K）

〔進入人體〕

過量維他命
會從尿液排出體外

過量維他命
會存於脂肪

大家都說脂溶性維生素會中毒，像維生素 A、K 會中毒，那脂溶性的維他命 D 也會中毒嗎？答案是：很難。因為它在人體被代謝後就變成水溶性了，和水溶性維生素一樣會從尿液和汗腺排出。

脂溶性
維他命D

〔進入人體〕

代謝後變
水溶性維他命

過量維他命D
會從尿液、汗腺
排出體外

有人這麼說：「是藥三分毒」，因為藥物大多是從肝和腎代謝，吃多了就會增加肝腎負擔，那麼維他命 D 是從哪個器官代謝的呢？答案是維他命 D 可以作用的細胞幾乎就有能力代謝它。因為維他命 D 幾乎可以作用在全身各細胞，所以身體全身上下接近的每一個細胞通通都可以代謝維他命 D。

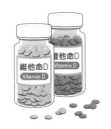

每天補充
4萬IU以上的
維他命D

〔持續吃了半年〕

才有
可能中毒！

　　所以即使你肝功能不好，可不可以補充維他命 D 呢？可以！腎功能不好，可不可以補充維他命 D 呢？可以！這和我們過去這個不能吃、那個不能吃的觀念是完全不一樣的。反而我會鼓勵這些人更要吃，因為維他命 D 抗發炎，可降低肝硬化發生的機率；另外腎不好的人補充維他命 D，可以避免副甲狀腺增生的問題。

　　對於維他命 D 而言，除非你刻意吃到大量，一天可能要 4 萬 IU 以上，連續吃半年才有可能造成中毒，另外維他命 D 被代謝後就變水溶性，所以要造成中毒真的很難，要達到維他命 D 中毒，需要極大量、而且要連續吃非常久。

　　有研究讓 10 ～ 17 歲學生，每週服用維他命 D3 劑量 1,400 單位，體內維他命 D 濃度從 15 ng/mL 升高至 19 ng/ml；然後每週服用維他命 D3 劑量 14,000 單位，維他命 D 濃度從 15 ng/mL 升高至 36 ng/mL，也沒有任何人中毒。另一個研究是針對 12 名多發性硬化症病人所做，將維他命 D3 劑量從每週 28,000 單位，逐漸增加至每週 280,000 單位，同樣地，沒有任何人發生中毒現象（中毒者會有血鈣或尿鈣太高的問題）。

　　結論就是：想要維他命 D 中毒，真的要非常努力而且有恆心啊！

快速檢測，
你的維他命D足夠嗎？

　　我常常說，我並不是要神化維他命 D，而是幫大家找回不足的 D 而已。不過要怎麼樣才能知道自己的維他命 D 是否足夠？該補充多少劑量才夠呢？我都會告訴大家，重點在於你血中維他命 D 濃度是多少，而非服用的劑量。下面步驟帶大家快速了解。

〔Step 1〕抽血檢驗

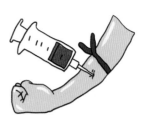

　　如何知道自己體內的維他命 D 是否足夠？很簡單，只要至醫院或是健檢中心進行抽血檢查即可，此檢查目前需自費，約 800～1000 元。

〔Step 2〕確認維他命D缺乏程度

從抽血報告中顯示的數值，可以知道自己維他命 D 缺乏的程度。

血中濃度	缺乏程度
低於 10ng/ml	嚴重缺乏
10～20ng/ml	缺乏
20～30ng/ml	不足
30ng/ml 以上	充足

〔Step 3〕立即補充維他命D

如果檢測出來為「嚴重缺乏」，建議盡速與醫師討論需補充多少的維他命 D，在短時間內拉高血中維他命 D 的濃度，待濃度趨於正常，才調整至正常的服用量。

如果維他命 D 檢測出來為「不足」或「缺乏」，可先補充 800～2000 IU，固定補充 6～8 週後，再次抽血檢測濃度，並根據血中維他命 D 的濃度來調整服用的劑量。之後於每年冬天檢測一次即可。

維他命 D 每日攝取量建議

國內外不同的機構或研究單位，針對維他命 D 的攝取量皆有建議值，列出如下，提供給大家參考。但如果想要更精確的知道自己體內的維他命 D 含量足不足夠、需補多少、補了

之後有沒有效？建議透過前述的抽血檢驗步驟，會更加明確。

〔參考建議 ❶〕台灣衛生署

根據衛生署「國人膳食營養素參考攝取量」，針對不同年齡建議的每日維他命 D 的攝取量，如下表所示：

年齡	每日攝取量
嬰兒（0 月～12 月）	400 IU
兒童（1 歲～12 歲）	200 IU
青少年（13 歲～18 歲）	200 IU
成年人（19 歲～50 歲）	200 IU
老年人（51 歲以上）	400 IU
特殊狀況：懷孕＆哺乳	＋200 IU

〔參考建議 ❷〕美國哈立克教授

根據美國維他命 D 之父——哈立克（Michael F. Holick）教授的研究，如果想要達到減少疾病的目標，或是想讓血中維他命度達到適切的標準，每日建議的攝取量如下：

年齡	每日攝取量
0～1 歲	400～1,000 IU（安全範圍 2,000 IU）
1～12 歲	1,000～2,000 IU（安全範圍 5,000 IU）
13 歲以上	1,500～3,000 IU（安全範圍 10,000 IU）
孕婦	1,400～2,000 IU（安全範圍 10,000 IU）
哺乳婦女	2,000～4,000 IU（安全範圍 10,000 IU）
特殊狀況：懷孕＆哺乳	＋200 IU

〔參考建議 ❸〕美國國家醫學院

美國國家醫學院於 2010 年所提出的每日攝取量建議，不過許多專家學者都覺得此數值仍過於保守。

年齡	每日攝取量
7 ～ 70 歲	600 IU
71 歲以上	800 IU

〔參考建議 ❹〕瑞典食品管理局

北歐日照少，尤其到了冬天，人體幾乎無法以日曬的方式取得維他命 D，因此瑞典食品管理局提出了以下建議：

年齡	每日攝取量
孩童與成年人	400 IU
75 歲以上的老人	800 IU

〔參考建議 ❺〕江醫師給大家的建議

我因為整天都在醫院裡不見天日、很少有機會曬到太陽，平常飲食又不正常，所以像我自己每天會補充 1000 ～ 2000 IU 的維他命 D，並建議我的癌症患者至少要補充 2000 IU 以上。

年齡	每日攝取量
一般成年人	1,000 ～ 2,000 IU
癌症或自體免疫病人	2,000 IU 以上

維他命D補充劑
怎麼挑、怎麼吃？

市面上的維他命 D 補充品琳瑯滿目，該如何挑選？幾個選購重點快速帶大家了解：

❶ 錠劑、膠囊、滴劑都可以：選擇覺得好入口，吃了之後能有效吸收、血中維他命 D 有確實上升的種類。

❷ 選擇「純」維他命 D：市面上有綜合維他命，或是鈣＋D 的複方維他命，建議吃單方的維他命 D。

❸ 選擇檢驗合格的產品：選擇經過國家認證的產品，較有保障。

❹ 選擇「非活性維他命 D」：一般人需補充的是「非活性」的維他命 D，如果補充「活性」維他命 D，容易

造成高血鈣問題（瓶身標示的單位為 IU，即為非活性
維他命 D）。

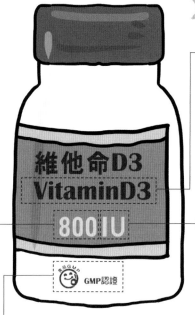

維他命D3

挑選維他命D時，會發現瓶身通常會標示D3字
樣，是代表什麼呢？

因為維他命D可分為D1、D2、D3、D4、D5等
等，不過其中以維他命D2及D3較為重要，所以
市面上較常看到D2和D3的補充劑。D2來自植
物，D3來自動物，所以如果你為素食者可選擇
D2，一般人選擇D3即可。

維他命D的單位

維他命D有分為「活性」與「非活性」，一般人
要補充的是非活性維他命D，其單位通常會標示
IU（活性維他命D會標示UG），所以大家購買
補充劑時可以IU作為判斷的依據（為什麼不能補
充「活性維他命D」，請見下一頁的Q1）。

合格認證字樣

瓶身有標註「USP」、「GMP」認證標示的產品，品質較有保障。

劑量

我常被問到，維他命D的補充量該吃多少呢？會建議一般成人每天服用800～2000
IU。維他命D補充劑的外包裝上顯示的數字，就代表每一顆／滴的劑量。

不過想要提醒的是，重點不在於你吃了多少量，而是補充後血液中的濃度有多少？同
樣吃1000IU的維他命D，有人血液中維他命D的濃度上升得很快，有些則非常低，所以
其實維他命D很難給一個標準的建議量，又比如說一個住在南部的人，和一個住在北部
的人，他們原本血中的維他命D基礎值就不一樣，那他們的建議量又怎麼會一樣呢？

維他命D
常見問題Q&A

Q1：為什麼一定要選擇「非活性維他命 D」，而不是「活性
　　維他命 D」？

　　維他命 D 有分活性、非活性兩種，我如果沒有特別說明，
通常指的是「非活性維他命 D」。至於為什麼不能吃「活性維
他命 D」呢？因為當我們吃活性維他命 D 時，它會直接進入到
血液中，影響血液裡的鈣離子濃度，很容易產生高血鈣問題。

　　吃非活性維他命 D 時，它會在細胞裡轉成活性，對細胞
發揮功用，待作用完成後會代謝掉，並不會進入到血液，所以
不具危險性，也不會造成身體負擔。那什麼人才會需要補充活
性維他命 D 呢？如果是洗腎患者，就必需補充活性補他命 D

和非活性維他命 D，以提高血液中的鈣濃度和細胞中的維他 D 濃度。

Q2：維他命 D 什麼時候吃才對，一天吃幾次？

維他命 D 不管在一天當中的任何時段食用皆可，不過因維他命 D 為脂溶性，需於飯後吃（餐點需帶有油脂，但不用刻意搭配高脂食物）。可以固定於某一餐後補充，養成習慣較不易忘記。

Q3：嬰幼兒也需要補充維他命 D 嗎？劑量為多少？

國外有研究建議，一歲內的小孩每天可補充 400 ～ 1000 IU；超過一歲補充 600 ～ 1000 IU。嬰幼兒及小小孩可選擇滴劑型的維他命 D，較易食用。

Q4：維他命 D 需要搭配鈣一起吃嗎？

講到骨質疏鬆，大多數人會想到要補充鈣質，不過光補鈣是不夠的，還要同時補充維他命 D，因為透過維他命 D，身體才有辦法吸收鈣，還能阻止鈣的流失。從另一個面向來看，我們除了要補充維他命 D 之外，是否也要補充鈣質呢？

除非你已確定罹患骨質疏鬆症，或是為已停經的婦女和老年人較易有骨鬆的症狀，需要特別補充鈣質，一般人並不用特別補鈣，因為每天可以從很多食物中攝取到鈣質了。

Q5：維他命 D 的食用禁忌？

維他命 D 基本上不會和任何食物或藥物相互作用，可以放心食用。

Part 2

無病無痛，
也要補充維他命D？!

幾乎每個細胞都有維他命 D 的接收器，影響了身體許多功能的運作，
所以不管大人、小孩，身體無病無痛或是處於生病狀態，
藉由補充維他命 D 改善身體的免疫力，讓生活更有品質！

補鈣還不夠，
還要有維他命D
才能顧骨本

　　這幾年在門診有很多病患前來測量骨質密度時，一看到報告都嚇一跳，因為這才發現自己竟有骨質疏鬆。大多數的人都會懷疑的問我，他已經補充鈣片很多年了，怎麼還會骨鬆呢？

　　我的一位患者，鈣片吃了十年，有一天因跌倒骨折來醫院開刀，開完刀測量骨質密度時，發現自己有骨質疏鬆的問題，他實在忍不住好奇的問我：「為什麼我鈣片吃了這麼多，還會有骨質疏鬆，太離譜了吧！我是買到假貨哦？」我和他說，這一點也不用意外喔，因為你的維他命 D 不夠啊。

　　在我還沒有提出「大部分的現代人都需要補充維他命 D」這個觀念之前，請問有誰聽過要補充維他命 D 嗎？據我所知，

一般人幾乎都不會特別補充維他命 D，大家都只知道要吃鈣片來預防骨質疏鬆，可是卻不知道如果沒有維他命 D、光吃鈣的話，就是從哪裡來就從哪裡去，也就是從嘴巴吃進來，就直接從大便排出去了，若只吃鈣，但身體不會吸收，能有什麼作用呢？是沒有用的。

▲ 光是補充鈣，但沒有被身體吸收，仍會有骨質疏鬆的問題。

▲ 吸收鈣需要維他命D，兩者一起補充，可增加骨細胞活性。

█ 維他命 D 在骨頭的三個作用

身體吸收鈣需要維他命 D，而維他命 D 在骨頭生成有幾個功能：

❶ 可幫助腸胃道吸收鈣。

❷ 幫助造骨細胞利用鈣，因為維他命 D 可以增加造骨細胞活性。

❸ 幫助破骨細胞把老舊細胞清理掉。

所以維他命 D 很重要，因為它和骨頭的新陳代謝息息相關。當年老時，造骨細胞活性下降，我們有沒有方法可以增加造骨細胞活性呢？答案是有的，就是補充維他命 D 和適當的負重運動。所以要預防骨鬆，最好的方法就是補充鈣片、維他命 D 和運動，這三者缺一不可。

江醫師小教室

　　想要強化骨質，從飲食保骨本做起，記住下列「三要四不要」重點：

三要：

❶ 要營養均衡。

❷ 要多喝牛奶及食用乳製品。

❸ 要多選可連小骨頭一起吃下的食物，如：小魚乾、豬軟骨、魚罐頭等。

四不要：

❶ 不要吃過多肉類及加工食品，這些食物含有太多磷離子，會讓鈣無法吸收。

❷ 不要吃太甜的食物。

❸ 不要將含草酸的食物（像是巧克力、菠菜、萵苣）與含鈣豐富的食物一起食用。

❹ 不要常喝酒、抽菸、喝咖啡。尤其是酒、菸、類固醇不要碰最好。

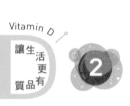

從年輕，
開始存骨本

現代人平均壽命延長很多，即使有心臟病、糖尿病、癌症等等，都可以藉由發達的醫學獲得控制，並讓生命延續。

但是活得久之外，更重要的是需要擁有良好的生活品質。我看過很多病人，即使本身病情控制的很好，但往往因為骨質疏鬆，不小心一個跌倒，輕微者可能花了一些時間恢復，嚴重的話則是無法走路、長期臥床……。你願意過著這樣的生活嗎？我想，肯定是沒有人願意的。

但是我發現，「骨質疏鬆」這個會對生活造成大大影響的嚴重問題，卻很少人重視，因為我們日常裡，對骨質疏鬆的問題並不會有任何感覺，就像你今天流鼻涕、咳嗽了，你會知道

自己不舒服、好像感冒了，但你應該沒聽人主動說過：我好像得骨質疏鬆了吧？

什麼時候知道自己有骨鬆了呢？以老人家來說就是跌倒的時候，最常聽到的就是：怎麼撞一下就骨折了？其實骨質疏鬆的原理、預防和治療很簡單，但是大眾都忽略了這個問題的嚴重性，所以很希望大家接觸到這本書後，能更明白骨質疏鬆對我們的影響性很大，並且把它分享出去。

▎骨質疏鬆無法避免，但可以延緩發生的時間

「骨質疏鬆」是指骨頭的質量減少，內部結構遭破壞（孔隙變大、增多），骨頭變得疏鬆脆弱、容易發生骨折。而患有骨質疏鬆的人，如果不幸因為骨折開刀時，會發現骨頭裡面通通都是洞，就像海砂屋的房子，地震一來就會倒的樣子，一點都不穩固，常常會讓外科醫生不知道要怎麼修補這種骨頭。

我們的骨頭組織中有兩大類細胞負責骨質的平衡，一種是負責製造骨質的「造骨細胞」，此細胞會製造基質讓骨頭變得越來越硬；另一種是負責代謝骨質的破骨細胞，負責把骨頭的基質吃掉。任何一類的細胞過度活躍，都無法維持正常的骨骼結構。

你一定很好奇，我們的骨頭不是越長越硬越好嗎？為什麼還需要破骨細胞呢？你可以試想，你一歲時生成的骨頭，難道

要用到一百歲嗎？誰負責來幫你更新呢？就是破骨細胞了，所以人體體內的造骨細胞和破骨細胞都必須存在，骨頭才會一直長出、達到新陳代謝的平衡，讓你一直有新的骨頭可以用，就像皮膚每 28 天也會新陳代謝一次一樣。

年輕時，我們的造骨細胞能力往往強過於破骨細胞，所以骨密度就會一直上升，但是隨著年紀越大，造骨細胞能力下降，雖然破骨細胞的細胞活性也會下降，但下降的沒有造骨細胞那麼多，所以等年紀到達一定歲數時，造骨細胞能力就會輸給破骨細胞，這時骨密度就會開始一直下降。所以只要活得夠久，每個人就一定會有骨鬆的機會，這是無法避免的，我們能做的，就是在年輕時多存一點骨本。

▲ 造骨細胞負責製造骨質；破骨細胞負責代謝骨質，
兩種細胞平衡運作，才能維持正常的骨骼結構。

江醫師小教室

　　造骨細胞可以憑空製作骨質嗎？當然是不行的，骨質裡面最重要的元素是鈣，而造骨細胞的鈣是從血液提取而來，而血液中的鈣又是從小腸吸收過來的，所以光有造骨細胞還需要有鈣才行，如果你缺鈣要想製造骨質也是沒辦法做到的。我們人體是靠維他命 D 讓血液中可以從小腸吸收鈣，若你吃很多鈣片，但血液中的維他命 D 濃度不夠，鈣也不會吸收的。

快速檢測，
你是骨鬆人嗎？

　　大家應該知道要測量自己有沒有骨質疏鬆的問題，必須要去醫院測量才會知道，但就像很多疾病一樣，當有症狀出現時，其實你很可能早就有嚴重骨質疏鬆而不自知了，我們常常說預防重於治療，最好是不要有骨質疏鬆，假設你真的已經發生了，當然還是早期治療比晚期治療好。

　　其實老天爺對我們滿好的，很多東西幫我們多準備了，就以肝臟來說，當肝臟功能失去 60 ～ 70% 時，你才會有症狀，才會發現問題。我們的骨頭也是如此，一定是骨質流失很多之後，才會在臨床上出現症狀，但我的想法是，可不可以在它還沒有流失這麼多以前，或是還沒有發生骨折之前，發現它，那

才是治療的關鍵，但更好的方法還是預防啦。

　　一般人骨密度最高的時候大概是 30 歲，一旦過了這個年紀，你身體吸收鈣和維他命 D 的能力都會大幅下降，另外製造骨頭的細胞活性也會減弱，所以骨密度只會一直降，我們能做的事只有兩件，第一件就是在年輕時存骨本，把骨密度弄高一點，第二件事就是讓骨密度下降的速度慢一點。

　　癌症目前沒有太多方法可以預防，但是骨鬆只要你提前預防和重視，是有方法可避免發生的，這也是為什麼我要一直提醒大家，骨質疏鬆這個問題真的要很重視的原因了。

▌骨中鈣質隨不同年齡的變化

　　一般來說，0 ～ 35 歲時期，造骨細胞活性大於破骨細胞，也是骨密度會不斷增加的高峰期。以男性而言，40 歲開始之後造骨細胞活性下降，骨密度也開始往下降了，這個現象在女性更明顯，因為女性荷爾蒙的關係，女性荷爾蒙有刺激造骨細胞、抑制破骨細胞的作用，但女性一旦停經後，破骨細胞活性不會再受到女性荷爾蒙的抑制，造骨細胞也不再受到刺激，破骨細胞的活性會大幅超越造骨細胞，所以女性的骨密度流失速度會比男性來得快，這也說明為什麼很多停經後的女性會有骨質疏鬆的原因了。

另外一個年紀大了會骨質疏鬆的原因是小腸吸收鈣的能力也會隨著年紀變大而慢慢變差。人體鈣的吸收平均每 10 年，以 5 ～ 10% 的速度驟降。以一般健康的成人來說，年老了最低鈣的吸收率可能降至年輕時的 25%，更年期前後婦女最低更可能降至剩下 17% 的吸收率。

　　所以骨鬆這個問題真的很嚴重，一個不小心跌倒就可能導致終生臥床或必須在輪椅上休養，生活品質也就喪失了。

　　在台灣近幾年的報告指出，骨質疏鬆的發生率是年年增加，而且現代人運動量變少更是隱憂。我常開玩笑，我們全身上下都有機會骨鬆，只有手指不會，因為大家都在玩手機，只有手指特別強壯。

〔快速檢測 ❶〕你是骨鬆高危險群嗎？

　　如果有以下的情形或生活習慣，都可能是骨質疏鬆的高危險族群，請特別注意。

□ 進入更年期的婦女，40 歲以前停經。

□ 切除卵巢、子宮者（建議婦女不要輕易切除子宮，切除子宮對於卵巢長期功能還是有影響，且根據研究指出，切除子宮後對於骨鬆也是有一定的影響）。

□ 家族遺傳、家族有老年性骨折者。

□ 體格瘦小、體重過輕、不當節食減肥者（體格瘦小、體重

很輕的人，尤其年輕女性 BMI 小於 18 者，太瘦的人很容易骨鬆，因為瘦的人骨頭負重不夠，所以若長期缺乏運動鍛鍊，就很容易有骨質疏鬆的問題）。

□ 鈣及維他命 D 攝取不足者。

□ 長期酗酒及抽菸，大量攝取咖啡、茶。尤其抽菸、喝酒會影響鈣的吸收，或抑制造骨細胞的活性。

□ 長期服用類固醇、抗痙攣藥、利尿劑、抗凝血劑、胃藥等治療者。

□ 其他疾病患者：腎病或肝病、糖尿病、腎結石、高血鈣、甲狀腺機能亢進、甲狀腺機能過盛、風濕關節炎、僵直性脊椎炎及某些癌症患者等。

〔快速檢測 ❷〕【骨鬆332】檢測準則

　　記住「骨鬆 332」的口訣，三個數字分別代表以下三種狀況：

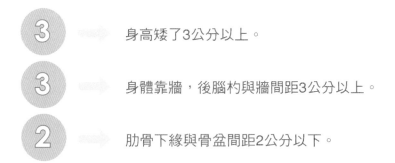

3 ⟶ 身高矮了3公分以上。

3 ⟶ 身體靠牆，後腦杓與牆間距3公分以上。

2 ⟶ 肋骨下緣與骨盆間距2公分以下。

▌看懂 X 光檢查報告，確認自己的骨鬆情形

想確認自己有沒有骨質疏鬆的問題，可以至醫院照 X 光檢查。檢查數據出來，只要關注一個「T 值」（T-score）的數據即可。當數值在 1 ～ -1 的範圍，即代表是正常的。一般會從骨質密度檢查中的 T 值來評估骨質狀況，醫師也會依照 T 值追蹤骨質疏鬆症患者，看治療後是否有改善。

這個數值是把你現在的骨密度和 30 ～ 35 歲的年輕人做比較，要以你的年紀來考量。舉例來說：如果你是 50 幾歲，你的數值為 -1 就不用擔心，如果你是 28 歲，這麼年輕就是 -1，則要擔心了。

一般來說，數值在 -1 之前都算可以，-1 ～ -2.5 的人算是骨少症，超過 -2.5 就是骨鬆了，一旦跌倒，這種人骨折機率就是一般人的九倍之多，要非常小心。

T 值檢測表

T 值	骨質狀態	改善方式
＞ -1	骨質正常	繼續保持目前良好的生活模式。
-1 ～ -2.5	骨少症，代表骨質已開始流失	請加強補充鈣片、維他命 D 和運動，調整飲食與生活習慣，強化骨骼。
＜ -2.5	骨質嚴重流失，已罹患骨質疏鬆症	除了補充鈣片、維他命 D 和運動之外，還要配合藥物治療，以控制病情。

哪些人需要做骨密度檢查？

女性 65 歲以上、男生 70 歲以上者，每年至少要做一次骨密度檢查。不是你有骨鬆就一定會骨折，而是要清楚自己在哪個階段應該注意什麼事情，才是積極預防該有的心態。除此之外，高危險的人要注意以下事項：

	女性	男性
1	65 歲以上	70 歲以上
2	停經後至 65 歲	50 ～ 70 歲以上
3	有危險因子如：曾骨折、有服用類固醇、有類風濕性關節炎、父母曾骨折等等。	
	已知罹患骨鬆症且經治療後，每 2 年檢測一次。	
4	停經後女性，每 3 年追蹤一次	

江醫師小教室

對抗骨鬆的三級預防措施

◆ **一級預防**：是指增加骨密度的最高值，這個是針對 35 歲前的人，趁還可以增加骨密度數值前，認真攝取和補充。

◆ **二級預防**：是指提早發現，提早治療。如有腰痠背痛、變矮了、駝背等症狀，就要特別留意，並要高度懷疑有骨鬆了。

◆ **三級預防**：是指預防骨折，積極治療和康復。如果你的數值已經超過 -2.5 了，要配合醫師積極治療，另外就是格外小心避免跌倒傷害，否則一旦骨折後果不堪設想。

預防骨質疏鬆的簡易運動

適合年長者的運動有很多種，走路散步或是快走都可以，但最好要背一點東西來走，增加身體負重量。

不過很多老人家膝蓋不好，走不了多久，我一般都會請他們做很簡易的動作，像是手推牆壁動作，這是利用手部增加負重的運動。

腳部可以做踮腳尖向上的動作，還可以背上背包（裝上你的體重十分之一的重量即可），手部和腳部動作輪流做，對於像我這種沒時間運動的人效果很好，大家也可以試試看。

▲ 手推牆壁動作：
一腳在前、一腳在後，雙手手肘打直、用力推牆壁。每次推5～10秒、每天推10次，可強化手部骨質。

◀ 腳部負重運動：
背上後背包（重量約體重的1/10），雙腳打開、往上踮起腳尖，雙手往上延伸，停留10秒。每天做10次，可強化大腿骨質。

江醫師小教室

　　我在門診時，很多病人經常問我，我現在 T 值已經 -1.5 了，可不可以自費藥物治療？我通常都是不建議的，因為藥物治療還是會有些副作用，所以大都是 -2.5 以上才會開始使用藥物治療。但是不管你在哪一期，要記住：鈣片、維他命 D、運動才是最重要的。

　　藥物作用主要在於刺激造骨細胞及抑制破骨細胞。常見治療骨質疏鬆症的藥物如下：

❶ **雙磷酸鹽藥物**：會凝聚被破骨細胞侵蝕的位置，抑制破骨細胞的作用，進而降低骨折風險。

❷ **選擇性雌激素受體調節劑**：防止骨質流失，一般可用於停經後的女性患者。

❸ **單株抗體藥物**：抑制破骨細胞的作用。這類藥物是用來治療骨折風險較高的患者。

❹ **副甲狀腺藥物**：有促進人體對鈣質吸收的作用，可用於雙磷酸鹽藥物治療效果不佳的患者。

⋯ 這些問題竟然和骨質疏鬆有關?!

　　骨質疏鬆症是沈默的疾病,因為沒有明顯的症狀,讓人很難察覺到它的存在。希望藉由以下這些案例分享,讓大家可以多加了解並提高警覺。

❶ 腰痠背痛,竟是骨質疏鬆引起的?

　　多數人都會有腰痠背痛的時候,當你腰痠背痛時都怎麼處理?大多數人可能都選擇睡覺或是按摩吧。

　　之前在急診室時,來了一位42歲女性病患,她說看電視太激動、腳踢到桌子,當下只覺得很痛沒有特別留意,沒想到隔天腳腫得像「麵龜」一樣。照X光後,才發現竟然骨折了。測量骨質密度,發現她有嚴重骨質疏鬆的問題,她自己完全都不知道,她說平常唯一的症狀就是感到腰痠背痛而已。後來還幫她照了脊椎X光,發現她的脊椎也有輕微的壓迫性骨折,所以她的腰痠背痛根本就是骨質疏鬆引起的,但這位病患完全都沒有意識到自己的骨鬆問題。

❷ 年紀大了,駝背很正常?

　　當長輩駝背時,你會叫他去看骨科醫生嗎?通常不會,因為我們都覺得老人家駝背是很正常的現象。

之前在門診時，有一位病患的爸爸駝背很嚴重，有一天在醫院巧遇他，就順口提醒這位病患帶爸爸去看一下骨科醫生，病患當時不以為意，覺得人老了不都是會駝背的嗎？

後來三個月後，再次遇到這位病患時，才知道他的爸爸已經過世了，因為他爸爸躺在床上，一翻身不小心掉下床、大腿骨就斷了，後來緊急送醫開刀，雖然順利出院，但回家後因不良於行只能長期臥床，而躺在床上心肺功能會很快的變差，後來很遺憾的死於肺部感染。

「因為骨質疏鬆造成骨折」，聽起來好像不是很嚴重的病，最後卻可能造成嚴重後果，所以如果老人家有駝背的現象，一定要特別注意。

❸ 體重減輕

有一位阿嬤，她是乳房有一個良性腫瘤的追蹤患者，一年才來看診一次，那次我看她變胖、肚子有點大，提醒她兒子要注意一下，看看是否有高膽固醇或其他問題，她兒子當時回我剛剛有量體重，體重都沒有增加還減輕一公斤，應該是還好，我當時提醒他還是小心點，因為我總覺得她看起來明明就變胖，怎麼量體重卻說沒有增加呢？

後來他媽媽中風送到急診室，測出三酸甘油脂、壞的膽固

醇都超標，這些都是血液太濃造成的。這位媽媽其實已經在變胖了，只是她骨鬆很嚴重，體重自然就會變輕。我要提醒的是，老人家體脂肪變多，有時候體重是沒變的，因為她的骨頭變輕了。所以不要只是看體重增加或減少，若隱藏著骨鬆的問題，光看體重是不準的。

❹ 下肢無力、身高縮水跟骨鬆也有關係

我當主治醫師第三年時，曾幫一位60幾歲的阿嬤開盲腸炎，開完刀後我建議她要多下床走動、幫助恢復。隔天我看她走路時右腳一跛一跛的，當下我腦中有點混亂，像是有千百匹馬在跑過，心想我已經是第三年的主治醫師，該不會開個盲腸還把人家開成腳無力吧？她是中風？還是有傷到她的神經？當時心裡非常緊張，我馬上問她說：「阿嬤妳的腳怎麼了？」她的兒子在一旁說她的腳這幾個月一直都很無力，所以走路都一跛一跛的，聽完我心中的大石才終於放下，還好不是我開刀造成的……。

後來我繼續詢問她手有力氣嗎？還有什麼地方不舒服嗎？她回答只有背部痠痛不舒服，我幫她照了脊椎的X光，發現她腰椎第4和第5節都變扁了，脊椎的高度只有正常人的1/3，所以神經被壓迫了，導致她右腳整隻腿無力。

所以當老人家和你說腳無力的時候，不要把焦點放在老人家退化造成肌肉無力或太少運動上，極有可能是骨質疏鬆造成的壓迫性骨折。另外，有些老人家痛覺神經沒有這麼敏感，她不會和你說「我的背很痛」，可能只會和你說「我的背痠痠的」。所以老人家的背痛和下肢無力一定要特別當心。

⑤ 身高縮水的警訊

當你出現骨鬆時，脊椎容易會變扁，身高自然就會縮水了。所以當你發現老人家的身高開始明顯變矮時，一定要特別小心是否和骨質疏鬆有關係。

多數人聽到骨鬆都不會感到害怕，但是一聽到癌症會很恐懼；大家若知道有可以預防乳癌、大腸癌的方法，一定會立馬學起來照做，可是提醒大家骨質疏鬆的嚴重性時，卻沒有人認真聽……因為許多民眾都不了解骨質疏鬆的可怕，事實上，骨鬆一旦造成骨折，死亡率和很多癌症一樣，大約都是一年20％，不是當下摔得多嚴重，而是摔傷之後身體的生活機能都喪失了，造成後續的嚴重後果。

維他命D
有助於肌肉再生，
預防肌少症

　　隨著年紀漸漸增長，老化是不可避免的，很多人在意的是自己的肌膚是不是開始有皺紋，臉上的膠原蛋白是不是有變少，卻很少人在意自己的肌肉量是不是在減少⋯⋯。

　　事實上，年過 40 的人，肌肉的生長量就開始趕不上流失速度了，一般而言，40 歲以上的人，肌肉量每 10 年約減少8%，70 歲以上的人，每 10 年約減少 15%，如果我們不趁年輕增加我們的肌肉量、多運動減少肌肉的流失，那老了可能就會面臨走不遠，失去很多生活機能的危機。

　　以前我們認為流失的肌肉是不能再生的，但現在的觀念不是這樣子的。維他命 D 能促進肌肉再生，增加肌肉力量，預

防和治療肌少症，讓老人家不再瘦瘦小小、渾身無力，活得更有尊嚴。

肌少症是隱形殺手

大家都小看肌少症的問題，肌少症第一個影響的就是下肢行動受限，當你不能行走太遠或是只能躺著時，很快就會出現失能、憂鬱的現象，加上肌肉量少、基礎代謝率低，更容易患有三高和肥胖的問題。因此，我們發現肌少症跟心血管疾病、失智症非常有相關性。

另外，大家比較不知道更嚴重的事，肌少症病人住院死亡的機率比其他人高很多。之前我們幫一位 60 多歲的阿公開腹腔鏡手術，病人術後復原情況非常不好，一般開腹腔鏡手術休息 2 ～ 3 天後就可以下床自由走動，可是這位阿公因為患有嚴重的肌少症，術後他沒辦法下床走動，頂多就是在床沿活動，到了第 6 天就肺部感染，留下了雖然手術成功了，但病人卻死於肺部感染的遺憾。所以肌少症帶給身體的衝擊是非常大的，絕對不是大家想像的只是單純沒力而已，肌肉無力對你健康的傷害遠超過你的想像。

很多癌症病人最後並不是死於癌症本身或是化療，而是死於癌症的惡體質。癌症惡體質最明顯的就是骨骼肌會變少，因為癌細胞需要你的骨骼肌分解出麩胺酸成分的物質，癌細胞需

要這個能量，所以癌症患者後期，最後都會變得很瘦，太瘦就根本沒體力可以施打化療藥物，所有癌症治療通通都會暫停。因此，癌症病患千萬要小心不能變瘦，一瘦下來死亡率就會急速上升了。

▌為何我們身上的肌肉量不斷流失？

〔原因 ❶〕久坐不動，肌少症上身

現代大多數的人，尤其是待在辦公室裡的上班族，坐滿坐好至少 8～10 個小時之外，回到家繼續賴在沙發看電視、滑手機大有人在。根據國外研究顯示，一天坐滿超過 13 小時的人，死亡率是一般人的 2 倍。其實久坐對人體的影響真的很大，國外甚至有一篇研究指出，坐一個小時和抽兩根煙對人體的危害是一樣的。

曾經有一個 44 歲女性，送到我們急診室就醫，她說她的左腳非常疼痛，我們一看以為她是被車子撞到所致，後來才知道她在家裡踢到茶几腳就斷了。

醫院骨科醫師幫她開刀處理後，還幫她測量骨密度、肌肉量，發現她雖然骨密度沒有非常低，但肌肉量和 70 歲的老人一樣，骨頭外面需要有肌肉包覆來保護，如果肌肉量太少，骨頭當然容易受到傷害。

詢問之下才知道她過度減肥、非常瘦，加上久坐習慣，導致一撞到茶几就變得如此嚴重。哥倫比亞大學研究指出，如果久坐超過 90 分鐘，死亡率就會增加。「坐超過 30 分鐘就要起來走動」的這個說法，是有理論根據的，因為科學研究指出，如果你連續坐超過一個小時，體內消化脂肪的消化酶活性就會大幅下降，脂肪會開始累積，而且坐超過一個小時，胰島素作用的感受性會下降，就會產生所謂的胰島素阻抗，自然就會有罹患糖尿病的疑慮。

因此，我們可以看到久坐的人容易有中廣身材，甚至肥胖。因此，建議大家在 25 ～ 40 歲時就應該養成良好運動習慣，把肌肉量建立起來才有本錢抵抗年紀越大、肌肉量逐年流失越快的問題。

〔原因 ❷〕不當減肥

現代很多年輕人喜歡減肥，但他們最喜歡用的方式是節食，但節食這種方法減肥流失的大部分都是肌肉，很多人在節食減肥時錯以為體重少了好幾公斤，還在歡天喜地，但事實上減去的很多都是肌肉而不是脂肪。

肌肉主要是負責身體基礎代謝，我們增加一公斤的肌肉可以消耗掉的熱量遠超過 2.6 公斤的脂肪，也就是說肌肉量越高，躺著睡覺也可以幫你燃燒熱量。另外，老年人在 60 歲以

上最好不要減肥，而是要多運動。因為老年人的肌肉本來就已經在流失了，還減肥不是雪上加霜嗎？ 另外因為肌肉需要蛋白質，但是老年人因為咀嚼能力差、肉類吃得本來就少，甚至連蛋和牛奶都吃得少，當然更加快了肌肉流失的速度。所以年紀大的人能吃就要吃，但前提是一定要運動，運動比減重來得重要多了。

〔原因 ❸〕：營養失衡

很多人生活忙碌，很難好好坐下來吃一餐。因此飲食攝取時，要有意識地去選擇對身體有幫助的飲食型態，千萬不要大吃大喝或是吃速食解決一餐。另外，年紀大的人，可以多吃蒸蛋、豆腐和豆漿來增加蛋白質的攝取，都是為自己增加肌肉的選擇。

江醫師小教室

快速檢測！你有肌少症嗎？

　　將雙手的大拇指和食指，握住小腿最粗的地方。如果都握不住，表示小腿肌肉非常多，如果剛好握住小腿表示你可能開始會有肌少症了；如果已經雙手越過去就表示肌肉量不足。肌肉量不足的人，需要開始從飲食和運動方面控制加強。

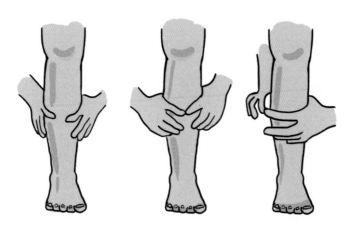

肌肉量OK！　　　　　　小心有肌少症　　　　　　肌肉量嚴重不足！

幾個月前門診一個老病患回診，阿公大概 70 多歲了，是一位膽結石病人，多年前我幫他開過刀，之後就一直在門診追蹤，我印象中他以前身體還不錯，但這次卻坐著輪椅被他兒子推進診間。

　　我看了一下門診記錄，他快一年沒回門診了。阿公一被推進來就把手舉起來跟我打招呼，他說：「江醫師，好久不見」，他想站起來，但試了兩次都沒有成功，他聲音不大，臉色其實看起來就很沒精神。

　　我問他：「阿公，你怎麼那麼久沒回來門診追蹤？而且你幹嘛坐輪椅？」他摸摸頭，不好意思的笑了笑。他兒子說阿公半年前在家裡跌倒，摔斷了右大腿，開完刀後一直不良於行，雖然一直有持續復健，但可能是因為年紀大了，效果一直不是很明顯。

　　我低頭看了看阿公的大腿，細的和竹竿一樣，我請他測了骨密度和肌肉量，果然發現阿公除了有嚴重的骨質疏鬆，還有肌肉缺少症。我測了他的血中維他命 D 濃度，更是只有可憐的 7 ng/ml。

　　除了叫阿公繼續復健外，還請他多吃肉，也叫他的兒子去買維他命 D 給阿公補充。四個月後，阿公再回診時是走著進來，而且笑著和我打招呼。他兒子說，這幾個月阿公體力明顯改善，常常出去散步，可能在外面有人跟他聊天，人也變開朗了，他和哥哥也比以前輕鬆多了，因為以前阿公的生活幾乎快無法自理，他們兄弟倆除了阿公，還要照顧自己的家庭，倆兄弟都快累成病人了，現在阿公需要的生活協助已經變很少了。

真的很高興阿公能重拾笑容，其實老人家的健康，影響到的往往不只是老人家本身而已，更可能是好幾個家庭。

肌肉缺少症是年長者的隱形殺手，有肌少症的老人日常生活常常會受到限制，久了就會有心肺疾病。因為不愛活動，憂鬱症的發生率也會提高，更可怕的是，因為肌肉無力，老人家常會跌倒，萬一同時有骨質疏鬆，骨折的機會就很高，特別是髖關節，一旦骨折，一年的死亡率就有20%，和很多惡性的癌症一樣高。

看到老人家瘦瘦小小又駝背，我們總會認為那是自然的老化，老人家站起來時常常是靠手來撐，我們也認為是理所當然，事實上這些往往即代表肌肉缺少症，我想要告訴各位的是，肌肉缺少症是可以預防和治療的。

預防和治療的方法是，除了飲食、運動，還有不要忘了，補充維他命D。以前我們認為肌肉是不可以再生的，只能練習讓肌肉變得肥大，但現在我們知道肌肉組織裡也有類似幹細胞的存在，所以肌肉是可以再生的，但肌肉再生除了要提供優良的蛋白質之外，維他命D也是非常重要。肌肉的幹細胞會受到維他命D的調節來產生新的肌肉細胞，所以要遠離肌肉缺少症，血中維他命D一定要保持充足，另外維他命D還可以讓你的肌肉更有力量。

老人家絕對不該是瘦瘦小小又沒有力氣的，他們可以自己生活得很有尊嚴！

腸躁、腹痛擾人，
維他命D抗敏、抗發炎

　　有一位 30 多歲的女業務，因為拚業績很努力，剛開始跑業務時肚子有些不舒服，尤其吃完東西後肚子會悶悶痛，因為沒有拉肚子，她就自己到藥房買益生菌、胃腸藥吃，結果完全沒有獲得改善。經過半年後，她的肚子越來越痛，連吃飯都要配著止痛藥，這樣情況撐了三個月，她竟然瘦了 15 公斤。她到醫院看診時，說她害怕是不是得了癌症，體重一下子掉這麼多，讓她有點擔心。

　　我們幫她做了各項檢查：大腸鏡、胃鏡、癌症篩檢等，統統都正常，完全找不到任何毛病，我猜測她可能是得到了腸躁症。其實，腸躁症的症狀是千變萬化的，有些人會便祕、拉肚子、肚子痛，這三種情況可能擇一出現，也有可能合併兩個症

狀出現。但她有點倒楣，我們給她服用腸躁症特效藥之後，雖然已經有很大的改善，可以正常進食了，但疼痛的感覺還是時常會有，後來我幫她測量了維他命 D，她的血中濃度只有 8 ng/ml，我請她開始補充維他命 D，後來血中濃度上升到 38 ng/ml，她肚子的疼痛就不翼而飛了。

雖然腸躁症和維他命 D 的相關研究還不是那麼多，但現有的流行病學研究顯示，腸躁症的患者體內維他命 D 的濃度普遍偏低，有兩篇的研究報告更指出，腸躁症患者在補充維他命 D 之後，疼痛的感覺和生活品質都大幅改善。

廣義認為，腸躁症可說是一種文明病，而女性發生的比重又高於男性（約是男性的兩倍），一般常發生於 30 ～ 50 歲左右的女性。

如果罹患了腸躁症，除了根據不同症狀接受藥物治療之外，最重要的還是要改善生活作息及飲食習慣。像是睡眠充足、保持心情愉快或懂得適時放鬆等，另外，也要少吃刺激腸胃的食物，養成運動習慣並將生活作息穩定下來，這些都有助於改善腸道功能失調的問題。

引起腸躁症的原因很多，腸躁症的分型也有很多種，其中有一種是因為腸壁內發炎的細胞過多，造成腸子一直呈現「過敏」，我們都知道維他命 D 在抗過敏和發炎的角色，因此補充維他命 D 就能讓一些腸躁症的病人大幅獲得改善，一點也不讓人意外。

一聽到腸躁症（全名是「大腸激躁症」），很多人第一個想法就是吃東西會拉肚子，其實腸躁症的症狀有很多種情況：有可能是腹痛到站不起來，又或是脹氣、便祕等等。現代人由於工作繁忙、生活壓力大，近年來得到腸躁症的人愈來愈多，根據統計，國人每十人就有兩人有腸躁症的問題，比率高達22％，且年紀甚至有下降的趨勢。但腸躁症與因病毒或細菌感染引起的腸胃疾病有點不太一樣，大多是腸道功能出現問題。

腸躁症發生的原因

一般認為腸躁症的誘發因素可能有幾種：

❶ 臨床常見由心理因素引起，例如，生活、工作或學業等壓力，以及人際社交不順暢、情緒問題等，皆有可能導致腸躁症發生。像有些人其實早在青少年時期因課業、考試、人際關係等壓力就已經有輕微的腸躁症發生，但當時沒有好好處理，等到踏入社會，面臨更嚴苛的考驗或更巨大的壓力時，腸躁症整個嚴重惡化，不僅影響生活，更會造成無形的精神壓力，讓當事人困擾不已。

❷ 天生腸道對某些食物過敏或無法消化。

❸ 腸道運作功能失調，不是常便祕就是常拉肚子，又或是兩種情況交替發生。

❹ 長期服用某些藥物，有可能改變排便習慣，因而造成腸躁症發生。

❺ 飲食習慣不正常的人，有時為了減肥吃太少或有時又暴飲暴食，或是吃飯不定時等等。

判斷腸躁症的準則

通常判斷病患是否得了腸躁症有以下幾個準則：

❶ 最近三個月或超過三個月以上常感到腸道不適，且症狀反覆出現。

❷ 常常腹痛，有時甚至腹絞痛到無法站立或行走；或是常脹氣、拉肚子，但放屁或排便後肚子會舒服一點；另一種症狀則是便祕時間太長。

❸ 排便時，常覺得排不乾淨，或是不正常的排便，例如，常排出細軟便、很稀或是呈黏稠狀的大便，或是糞便太硬等等異常狀況。

❹ 一天拉肚子超過三次，或是一週排便次數少於三次。

Part 3

生病了，維他命D
守護你的健康

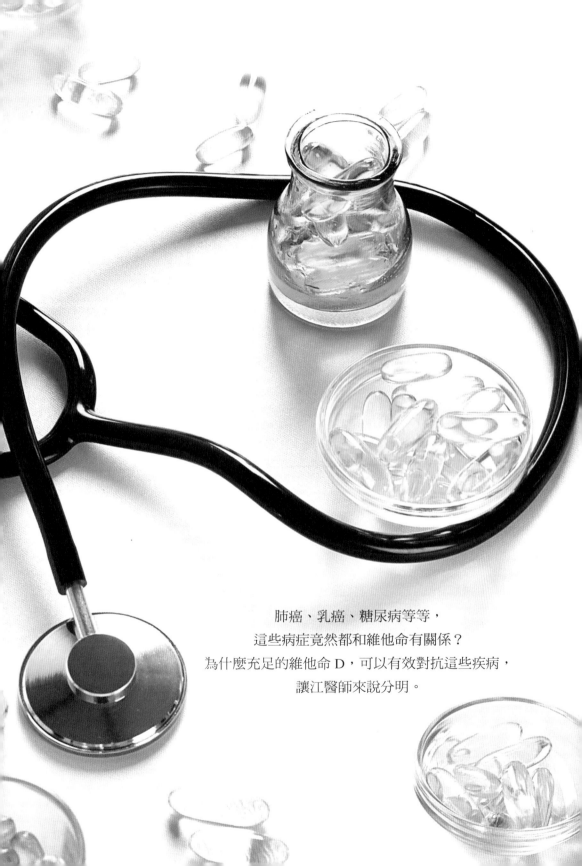

肺癌、乳癌、糖尿病等等，
這些病症竟然都和維他命有關係？
為什麼充足的維他命 D，可以有效對抗這些疾病，
讓江醫師來說分明。

為什麼癌症患者
需要補充維他命D？

　　我常常在演講時問大家一個問題，為什麼有的癌症病患接受化學治療會失敗？其實有很大的原因是因為化療的副作用。

　　許多癌症病人在施打化療藥物後，產生強烈不適的副作用，往往不願意繼續後續的療程，或是醫生會被迫要降低化學治療藥物的劑量，這樣治療的效果當然會比較差。

▋讓維他命 D 幫你對抗癌症

　　我們發現，癌症病患體內維他命 D 濃度較高者，在施打化療後的副作用有機會比維他命 D 濃度較低者較為和緩，它會讓你更有機會撐過化療時期。而且，維他命 D 和很多化療

藥物有交互協同作用，它可以放大化療效果，讓化療更有效。

另外，維他命 D 本身就抗癌，當我們把維他命 D 和癌細胞放在一起，會發現維他命 D 可以抑制癌細胞的生長和轉移。所以，癌症患者一定要維持體內足夠的維他命 D 濃度，這樣對癌症預後會比較好。最近國外的醫學研究更指出，癌症患者體內維他命 D 足夠者，可降低大約 2 ～ 3 成的整體死亡率。

還想要和大家分享的是，癌細胞轉移其實沒有那麼簡單，要經過很多的步驟，除非你的狀態很差，例如：心情沮喪、吃不下、抵抗力非常弱，要不然要轉移沒有那麼容易。所以癌症患者不用灰心，癌細胞雖然很難殺死，但它想要亂跑也不是這麼容易，只要你自己夠努力、身體夠好，它就會乖乖地和你和平相處。

▌破除癌症的飲食迷思

為何癌症會導致死亡？一個很重要的原因是「癌症的惡體質」，這是因為癌症的病人沒有好好的補充營養，因而變得非常的虛弱所致，病患本身並不是因癌症而死亡的，反而是死於癌症的惡體質。根據統計，大概有 20 ～ 35% 的病患是死於營養不良，所以飲食對於癌症病患真的是非常重要，因為只有均衡健康的飲食，才有足夠的體力接受正規治療、對抗癌細胞。

坊間流傳許多似是而非的飲食迷思，其實病患只要遵循一

定的飲食原則即可，不必特別去補充什麼營養。以下來看看有哪些常見的癌症飲食迷思呢？

〔迷思 ❶〕罹癌期間，不能吃肉、吃蛋、喝豆漿？

常聽到癌症病患之間流傳，特別是在化療期間，不能吃肉、吃蛋、喝豆漿，這是完全錯誤的觀念。一般化療期間，病患最容易發生的副作用就是白血球會降低，此時就不宜再繼續接受化療，因為白血球一降低，就非常容易受到感染，此時需要讓白血球數值增加，就是要補充大量的蛋白質，而蛋白質的來源，就是要多吃肉，特別是紅肉，因為紅肉含鐵質，可同時補充白血球和紅血球；而吃蛋則是能快速補充病患的蛋白質。

豆漿也是可以喝的，特別針對女性乳癌患者來說，很多女性以為有乳癌就不能吃含有女性荷爾蒙的東西，事實上因為豆漿含的荷爾蒙是大豆異黃酮，和動物性的女性荷爾蒙是不一樣的，所以在化療期間還是可以喝豆漿的。

〔迷思 ❷〕飢餓療法，餓死癌細胞真的有效？

很多病患有錯誤的觀念，以為自己吃的越營養會把癌細胞養得更大，其實這種想法是大錯特錯。我要特別強調，病患一定要有充足的營養，這樣才有體力接受化療、對抗癌細胞。飢餓療法一定會成功，只是你會比癌細胞先死去……。

〔迷思 ❸〕生酮飲食可以抗癌？

其實生酮飲食最初是用來治療孩童的癲癇症，近年來，則被推廣作為瘦身減肥法。雖然國外有幾篇研究報告指出，生酮飲食對治療腦部的癌症有一定的幫助，但我要強調的是，這只是針對腦部的癌症而已，對其他部位的癌症，目前並沒有證據顯示有一定的作用，而且生酮飲食長期下來對身體的影響到底是什麼，目前還是處於觀察的階段。

▌即使身體虛弱，也不要放棄運動

很多癌友覺得身體很虛弱根本沒辦法出門，更別說是運動了，而且有些癌友因為正在接受化學治療，擔心受到感染，更是整天躲在家裡不肯出門。

以下介紹一個簡單的運動，即便身體虛弱還是可以做，那就是「拍手運動」，動作非常簡單，就是站起來走動，每踏出一步，手就同時拍一下，每天大約拍打 30 分鐘，你的體力就會得到很大的改善。千萬不要坐著不動，否則癌細胞就會戰勝你喔！

◀ 簡單的拍手運動，每天30分鐘，體力就會大大改善。

很多癌症被稱為是無聲的殺手，尤其是肺癌、大腸癌一經檢查往往都是末期了，但有時候癌症在未被發現之前，是可以在身體外在體現出來的。

很多病患一旦被檢驗出罹患癌症時，我都會詢問他們在之前有沒有發現身體特殊的徵兆，其實很多徵兆早就表現出來，只是病患沒有注意，都是拖了半年到一年才到醫院檢查，其實這就是拖到自己治療的良好時機。因此，以下幾種身體的前兆請多加留意，提高警覺及早做檢查。

不可忽視的癌症前兆

❶ 身體出現腫塊

大家平常沒事的時候，多摸摸這些地方，例如：頸部喉嚨兩側及後方、臉部腮幫子旁、鎖骨、腋下、腹股溝等，這些是淋巴結比較多的地方，因為很多癌症會經由淋巴結轉移，所以身上一旦有癌產生，這些地方就有可能會摸到硬塊，如果是在腹壁或是四肢摸到的，大部分都是良性腫瘤居多。

一般來說，惡性腫瘤和良性腫瘤摸起來是稍微可以區分的：表面不規則、硬硬的、不會移動的，大部分都是惡性腫瘤；如果你摸到的腫瘤會滑來滑去移動，就不用太緊張了。

此外，有個重要觀念要提醒大家，不管是良性或惡性腫瘤

都有可能復發，而良性和惡性腫瘤最大的差別在於，良性腫瘤一般不會轉移，但有可能會再長出來，所以基本上只要長過腫瘤就要定期追蹤。

❷ 疣或黑痣明顯變化

很多人到了一定年紀時，身上沒有原因地突然出現一些莫名其妙的痣，這其實是體質的改變，大部分都是良性的。那要如何區分良性還是惡性的痣呢？很簡單，就是在痣上畫上十字，看這四等分是否對稱，如果看起來很對稱的就不用擔心，另外可以觀察痣的周圍界線清楚嗎？有無突起？痣有沒有合併滲液、潰爛、出血現象？如果沒有也不用擔心。如果痣的直徑沒有超過0.6公分，一般來說也不用太擔心。

一般常見黑色素細胞瘤，大部分長在四肢，比較不會長在軀幹，並不是軀幹不會長，而是四肢的痣比較有可能是偏不好的瘤。另外。有個地方要特別告訴大家，指甲不論是手指甲或是腳趾甲，有些人的指甲下會長出黑色素細胞瘤，但是很少人會注意到。之前門診有一個婆婆就是長在手指上，她的手指莫名其妙地出現了一條黑線，她本來不以為意、也不知是什麼，來到門診才告訴我這黑指甲最近一直在變大，幫她做切片檢查後發現，竟是黑色素細胞癌。

❸ 持續性的消化不良、食慾不振、噁心嘔吐感

很多人罹患消化道的癌症，都是在末期才被發現，這個是最麻煩的部分，因為肚子裡的器官不是你直接肉眼可以看得到的。所以，當你發現自己消化道不良症狀持續1～2個月，吃了胃藥或是補充益生菌等都沒有改善成效時，建議要前往醫院檢查，讓醫師幫你確認只是單純腸胃功能不好，還是裡面有長東西。

另外，消化道的惡性腫瘤常會合併有體重減輕的現象，所以如果你是有腸胃道的不適加上變輕了，就一定要馬上到醫院檢查。

❹ 持續性的嘶啞、咳嗽及吞嚥困難

大部分的聲音嘶啞，是指腫瘤侵犯到喉返神經（喉返神經是控制我們喉嚨聲帶的神經）。第一個最常見、能想到的就是甲狀腺癌、其次是食道癌、肺癌等都會造成聲音沙啞，這些都是因為腫瘤侵犯到所致，當然如果你前天有喝酒，或是去大聲唱歌，那自然另當別論。

❺ 不明原因出血

在門診時，我常被問及腫瘤為什麼會出血？這是因為腫瘤的血管是不成熟的、生長不完全的，所以很脆弱。腫瘤要長大所以要吸引很多新的血管生長出來，那些血管和我們平常身體裡面的血管不大一樣，它的破洞會比較多，所以腫瘤的血管比

較脆弱，稍微摩擦到腫瘤就很容易有出血現象。

　　所以，任何部位莫名其妙出血都要特別小心注意，例如：
鼻子（鼻咽癌）、咳血（食道癌）、小便有血（膀胱癌、腎臟
癌）、大便有血（大腸癌）、乳頭出血（乳癌），還有就是女
性停經後不正常出血。很多女性停經後出血，很多婦女以為自
己月經又來了，一經檢查才發現是子宮內膜癌。因此，女性停
經後出血，要特別注意是否是子宮頸或子宮內膜的問題。

⑥ 久治不癒的傷口或潰瘍

　　每個人都有自癒的能力，除非你的抵抗力或新陳代謝能力
太差，或是傷口有癌細胞。以口腔為例，口腔黏膜平均每3～
7天會更新一次，所以如果你有口腔破洞連續二週好不了，就
要特別注意了，可能需要到口腔外科做切片檢查，確認有無口
腔癌的前兆。我們身上的傷口也是一樣，如果連續1～2個月
未癒合，就要小心是否轉為皮膚癌。

⑦ 長時間不明原因體重減輕

　　很多人剛開始對體重減輕不以為意，三個月內還很開心自
己變瘦了，這也是導致很多人會拖到半年後才來就診的主因
之一。其實，如果你沒有刻意減肥，體重在半年內降低了超
過10%，你就要很小心了，因為有可能是因為癌症產生惡體
質，一定要趕快到醫院做徹底的檢查。

補充維他命D，
輔助乳癌治療

　　乳癌為我國婦女發生率第一位之癌症，發生高峰約在
45 ～ 55 歲之間。依據衛生福利部死因統計及國民健康署癌症
登記資料顯示，女性乳癌標準化發生率及死亡率分別為 69.1%
及 12.0%（每十萬人口），每年有逾萬位婦女罹患乳癌，逾
2,000 名婦女死於乳癌，相當於每天約 31 位婦女被診斷罹患乳
癌、6 位婦女因乳癌而失去寶貴性命，更因為最常發生的年紀
在 45 ～ 55 歲，這年紀的女性一旦被診斷出乳癌，對整個家庭
的衝擊是非常的大。

▌補充維他命 D，減輕化療的不適感

　　乳癌是女性的頭號殺手，它的發生機率真的很高，特別是

現在的食安及環境荷爾蒙的問題，造成乳癌發生率是逐年上升。但是若能早期發現早期治療，基本上乳癌是有很大機會可以根治的。

許多癌症研究報告證實，維他命 D 有助於乳癌的預防與治療。在我自己的研究中也發現，維他命 D 對乳癌細胞的生長及轉移，都有很強的抑制效果。

我曾經有個乳癌病患，因為做過幾次化療，非常害怕化療帶來的不適感，因而逃避治療，後來我試著說服她，並答應她一起找方法改善療程、減輕化療的副作用。而後，一同與她對抗乳癌的期間，我將她血中維他命 D 濃度拉高到適當數值，經過幾次回診追蹤發現，她的腫瘤已消失大半，化療的不適副作用也大大降低，病情也逐漸維持在穩定的狀況。

▋乳癌前兆與症狀

一般要判斷乳房是不是有變異，可以從以下幾點方向著手：乳房外觀是否對稱，有沒有腫塊或凹陷、乳頭異常分泌（有黑色或咖啡色分泌物、與月經週期無關的出血）、乳房皮膚潰爛等症狀。有以上這些問題發生，請盡快就醫。

乳房檢查的時間點，是在月經結束後的第 10 ～ 14 天，你可以任選其中一天自我檢查，自我檢查有 3 個口訣：看一看，摸一摸，擠一擠。

乳房自我檢查法

❶ 看一看：

洗澡時，對著鏡子看自己兩邊乳房是不是對稱。

❷ 摸一摸：

有兩種方式，方法一是洗澡後在乳房抹上乳液，接著用掌腹及指腹去繞著乳房推（不要用捏的），推推看有沒有硬塊；第二個方法是平躺下來，一手枕在頭下，一手放在乳房上摸看看有無硬塊。

❸ 擠一擠：

用手壓一下乳頭附近，看是不是有不正常的分泌物。

江醫師小教室

乳房良性腫瘤的治療

以前只要發現乳房纖維腺瘤，達到開刀標準（標準有很多種），例如年輕女性有 4 公分的纖維腺瘤，一般都會建議開刀處理，但是就會在乳房留下一個很明顯的傷口。現在有新科技技術，傷口很小就能處理乳房問題，不必像傳統一樣需要開刀留下很大傷口。

▌別因為害怕，而錯過了黃金治療時間

乳癌病人開完刀後要服用一種荷爾蒙抑制劑藥物，這個藥品有副作用，會讓子宮內膜變厚，多少會增加子宮內膜癌的機率，所以乳癌患者通常會建議每半年要去婦產科追蹤檢查子宮內膜情況，但是只要子宮內膜變厚時，婦產科醫師會建議做子宮刮搔術，讓很多病人感到害怕。

我的一個病患，乳癌開刀結束已經過了四年，有一天她來回診時問我，她下體會出血，是不是因為藥物的關係？我詢問她婦產科醫師的看法是？她當時有點支支吾吾，才知道她都沒有定期去婦產科回診檢查，原因就是害怕子宮刮搔術，後來我建議她去婦產科檢查，而且現在有子宮鏡技術很方便，經過檢查確定罹患了子宮內膜癌，所以乳癌患者定期的追蹤檢查是很必要的。

▌45 歲起，請開始做乳房 X 光攝影

根據衛福部資料指出，目前國際上最具醫學實證，可以有效提早發現並改善預後的乳癌篩檢方法是乳房 X 光攝影。乳房 X 光攝影檢查能偵測到乳房鈣化點或腫瘤，發現無症狀的零期乳癌。研究顯示，50 歲以上婦女每 1 ～ 3 年接受一次乳房 X 光攝影檢查，可降低乳癌死亡率 2 ～ 3 成。由於 45 ～ 69 歲婦女為我國婦女罹患乳癌的高峰，因此，國民健康署提供

45～69歲及40～44歲具乳癌家族史（指祖母、外婆、母親、女兒、姊妹曾有人罹患乳癌）婦女，每兩年一次乳房 X 光攝影檢查。

很多乳房病變是從微小的鈣化開始慢慢變化成一顆，微小的鈣化，用超音波是照不到的，只能用乳房攝影才照得到。可是很多人對乳房攝影非常排斥，因為乳房攝影會比較痛，但是乳房攝影仍有它的好處，而且現在乳房攝影設備有進步，改成塑膠夾板後比較不會這麼痛了。另外，還有人對於乳房 X 光攝影放射線的擔憂，會不會增加乳癌的風險？其實，乳房攝影的放射線對乳房變異的影響非常小。

我有一個病患她 43 歲，雖然不到 45 歲，但因為她的媽媽和姊姊都是乳癌病患，所以理論上 40 歲開始，她就應該做乳房 X 光攝影的檢查。但是有人和她提過乳房 X 光攝影很痛，讓她遲遲沒有做這項檢查。

她知道自己是高危險群，從 30 歲開始就有做乳房超音波，但是她第一次來找我時已經 43 歲了，照到左胸有一顆腫瘤 1.2 公分，那時候我覺得她的腫瘤組織很不規則，便幫她做切片檢查，也確診是乳癌，之後幫她做乳房 X 光攝影確認乳癌範圍，結果腫瘤裡面有很多微小的鈣化，而且是第 3 期了。

我和她說如果她 40 歲開始做乳房 X 光攝影，可能零期到 1 期就會被發現了，或許整個療程就不需要這麼辛苦了，所以乳房 X 光攝影是女性不能忽略的檢查喔！

•••關於乳癌的常見Q&A

　　乳癌雖然發生率相當高，但許多人不了解它，仍對乳癌存有許多問題，以下是門診時病患常問我的問題：

Q1　若家裡沒人有乳癌病史，我這輩子應該就不會得乳癌？

　　不一定，因為乳癌和基因有關，也就是説，若你的家族女性長輩有得過乳癌，表示你得到乳癌的機會比其他女性更高，約4～8倍；即便你的家族沒有乳癌病史，你仍舊有得到乳癌的機會，只是如同一般人的罹癌比例而已。

Q2　乳房超音波和乳房攝影，哪個好？

　　在門診，常被問到這個問題，其實這兩者完全不同，而且沒有互相取代性。乳房超音波是一年做一次，主要是用來追蹤腫瘤的，而乳房攝影是兩年做一次，主要是看鈣化問題。另外，乳房保健大家最常做的就是乳房超音波，因為乳房超音波不會痛也沒有放射線，所以建議大家常做這項檢查，甚至有些人半年做一次檢查。

Q3 乳房整個切除後，會不會再復發？

有些病患切除一個乳房後，以為癌細胞已清除乾淨，因而沒有再定期追蹤，但事實上沒有人可以保證你的乳癌細胞有沒有在身體其他地方躲藏著、有沒有可能在幾年之後又長出來。另外，乳癌產生是與基因有關，即便一邊乳房癌細胞切除乾淨了，另外一邊的乳房得到乳癌的機率還會是一般人的好幾倍，當然還是要定期追蹤。

Q4 隆乳的人比較容易罹患乳癌？

這個說法是沒有根據的，一般的隆乳是把植體放到胸大肌的後面，這種方法和乳癌的發生率無關，另外因為是放在乳房的後面，也不會干擾到乳房超音波的偵測。但如果是打小針美容的方式，因為是直接打在乳房裡，這種隆乳最大的問題是，得到乳癌不易被發現，因為打進去的東西會干擾乳房超音波與乳房攝影的偵測，所以得到乳癌通常是會到很後期才被發現，所以一般建議還是不要做這種方式的隆乳。

其實最好不要去隆乳啦，自然就是美，我一直這樣認為。

Q5　乳房大罹患乳癌機率大？

並非如此，正確來説，是「乳房密度愈高，罹癌機率愈大」，並不是乳房大易得乳癌，只是乳房大的人會有個劣勢，那就是得到乳癌時會比較不好觸摸到。

Q6　不孕症的用藥會造成乳癌嗎？

很多女性為了生育而去打排卵針，擔心女性荷爾蒙大量增加，會不會罹癌，其實已有醫學證據顯示，短期打排卵針並沒有明顯增加乳癌的機率。

Q7　肥胖易得乳癌？

精確的來説，是停經後肥胖容易得乳癌。主因是停經後，卵巢沒有功能了，所以女性荷爾蒙大多來自脂肪去轉換，因此停經後肥胖的女性，體內荷爾蒙的濃度就會顯著的升高，就比較可能得乳癌。那停經後到底可不可以使用女性荷爾蒙？如果你的停經症候群非常嚴重，生活品質因此變差，會建議要補充女性荷爾蒙，但最長不要超過5年，醫學證據告訴我們，只要女性荷爾蒙補充不要超過5年，是不會明顯增加乳癌發生機率的。

缺乏維他命D，
可能影響子宮肌瘤？

　　有一位 30 多歲女性，她被先生攙扶走進來，她的下腹部痛得沒辦法自己走路。一開始急診醫師診斷她是腹膜炎，打電話詢問我是不是需要直接開刀，當下和急診醫師在電話交流下覺得有些怪異，聽起來她不像盲腸炎，那麼年輕下腹會痛到腹膜炎的程度是什麼毛病呢？

　　掛上電話，我快步趕到急診室，她躺在診療床，臉上露出疼痛的表情，我壓了壓她的肚子，其實並沒有多明顯的腹膜炎，但她確實是很痛的樣子。我請急診室幫她安排電腦斷層，結果竟然是一顆快 10 公分的子宮肌瘤扭轉，造成她嚴重的下腹痛。最後她還是開刀，但是換婦產科接手了。後來了解，她

3～4年前就知道自己有子宮肌瘤，但一直沒有放在心上。她自己也很不解，她的子宮肌瘤為什麼會長這麼大。

幾個月後，她來我門診檢查乳房，她說她想順便檢驗維他命D的濃度，結果一測維他命D的濃度竟然只有 8ng/ml。我告訴她要趕快補充維他命D，一來是避免骨質疏鬆，二來也許我找到她為什麼子宮肌瘤長這麼快的原因了。

醫學研究發現女性體內維他命D濃度較低的人，比較容易有子宮肌瘤（但這並不代表補充維他命D，就可以預防或治療子宮肌瘤），學者在動物身上做實驗發現，給動物補充維他命D，可以縮小動物體內的子宮肌瘤（這也並不表示在人身上一定也是如此）。

2017 年一個醫學研究，找來了好幾位患有子宮肌瘤的女性（全部女性一開始體內的維他命D濃度都幾乎缺乏），研究者把這些女性分為二組，一組只給安慰劑，另一組給維他命D，實驗結束發現有給維他命D那組的女性，體內維他命D全部上升到正常值，而且體內的子宮肌瘤明顯的受到控制。

當然維生素和子宮肌瘤的關係，還需要更多的研究來證實（特別是濃度要多少），但我想說的是，大家都應該要把自己體內的維他命D濃度維持在正常值，特別是女性朋友，就算維他命D無法幫助妳控制子宮肌瘤，它至少可以減少妳發生骨質疏鬆的機會。

江醫師小教室

懷孕婦女，何時開始補充維生素D最好？

　　我會建議寶寶在媽媽的肚子就應該開始補充了，維生素D可以透過胎盤幫助孩子的成長發育。胎兒透過胎盤吸收母體營養，如果媽媽血中的維他命D濃度高，孩子體內維他命D濃度就高，有助於寶寶的發育，而且媽媽也不容易得到妊娠高血壓或糖尿病。

　　反之，媽媽體內維他命D濃度低的話，除了在懷孕早期流產的機率較高之外，出生之後，維生素D濃度較低的孩子，比較會有過敏、氣喘、腸胃道黏膜不健全等等的問題。

　　根據研究指出，孕婦最好能保持維生素D濃度在40ng/ml，可以降低妊娠糖尿病、子癇前症、妊娠高血壓等機率。另外如果妳想成為孕婦，最好也不要讓自己處於維他命D缺乏的狀態，因為醫學研究也發現維他命D低下的婦女受孕率會較低。

胰臟癌並不可怕，
適量的維他命D
即可防癌、抗發炎

　　胰臟癌通常預後都不好，死亡率超高，原因除了胰臟癌本身對傳統的化學治療和放射治療反應不佳之外，另外一個原因就是胰臟癌被診斷時大約八成的病人就已來到了晚期，造成無法手術切除。

▍難以察覺的胰臟癌，是致命主因

　　為什麼胰臟癌這麼難診斷？因為它位在肚子後面，而且胰臟有前中後，胰臟癌如果發生在中間或後面，一般不會有什麼症狀，它不會影響到胃和腸子，自己就在那裡長大，都是長得越來越大、吃到旁邊的神經血管才會開始出現疼痛，但是胰臟

癌到這個階段時，通常已經是末期了，也就是說，當你感到疼痛時，大部分根本就沒辦法處理了。

通常一般是在這兩種情況下發現胰臟癌，一個是健康檢查時做電腦斷層得知，另一種是因為自己得了黃疸，連小便、眼睛都變黃了，超音波掃描才發現膽道擴張阻塞，進一步去做電腦斷層，因而發現是胰臟癌，這種是因為胰臟癌長在頂端，剛好壓迫到膽道，才有可能在胰臟癌的早期就產生症狀。

所以平常要有警覺，像是背後痛，尤其在腎臟位置感覺到腰痠，同時合併體重減輕，如果有這種症狀可能就要特別注意了，但比較困難的是，現代人坐姿不正確，容易有腰痠背痛、同時又喜愛減肥，常常都是造成延誤病情的原因之一。

▌維他命 D 防癌、抗發炎

從學理或是臨床研究來看，攝取適量的維他命 D，有助於預防癌症的發生，尤其是胰臟癌、乳癌、大腸直腸癌、肺癌等等。維他命 D 可抵抗發炎、抑制血管新生的作用，並有效抑制細胞過度增生和不當分化，故有助於癌症的預防。

▌小心這些胰臟癌的前兆

由於胰臟癌很難被發現，因此如果你有下述症狀就要小心是否有可能罹癌了，因為只有早期診斷，胰臟癌才有接受手術

的可能，存活率才會高。

❶ 上腹痛或腰背痛

因為胰臟位於肚臍上方胃的後方，所以有些人會有悶悶的上腹痛，但更常見的是背痛，這種背痛通常平躺時更容易造成不舒服。

❷ 食欲不振、體重減輕

因胰臟會分泌消化酵素，當有胰臟癌時，胰臟分泌消化酵素的功能可能就不佳，會造成消化不良，吃東西容易脹氣，當然就會食欲不振，造成體重減輕。

❸ 皮膚、眼白變黃

如果胰臟癌長在胰臟頭部時，胰臟腫瘤會阻擋膽汁流入腸道，膽汁就會被重新吸收回身體裡，造成皮膚和眼白變黃。

❹ 血糖急速上升

有胰臟癌時，胰臟分泌的胰島素不足，造成無法分解血糖，使血糖上升，所以如果年過 50，突然被診斷出來得了糖尿病，也要小心是不是罹患胰臟癌了。

❺ 濕疹皮膚病

如果你以前都沒有得過這些皮膚病，突然間皮膚開始出現

問題了，也要特別小心是不是得到了癌症，這是因為癌症會改變身體免疫力，有可能會讓人產生自體免疫疾病，造成許多症狀出現。

❻ 灰白色的大便

這也是因為胰臟腫瘤阻擋膽道，讓膽汁無法進入腸胃道裡，因而使大便呈現灰白色，而不是一般膽汁的黃褐色。

▌你是胰臟癌的高風險群嗎？

為何胰臟癌這麼難發現，主要是傳統的檢查法，如抽血、超音波都沒有辦法有效診斷出胰臟癌，一定要做電腦斷層甚至是核磁共振才會被發現，但平常大家不大可能常做這兩種檢查，所以如果你是符合下列的高風險因子再加上前面提的各種症狀，就一定要小心了。胰臟癌的高風險因子有哪些呢？

❶ 家族有胰臟癌病史

因所有癌症都有遺傳基因，所以若家人有胰臟癌病史，基本上你就是胰臟癌的高風險群，有統計數字說，如果家人有一位胰臟癌，其它人得胰臟癌的機率是一般正常人的 4.6 倍，如果家人有兩位胰臟癌，那其它人得胰臟癌的機會是 6.4 倍。

❷ 慢性胰臟發炎

因為發炎常常是癌症的一個前驅的變化，一直發炎表示你的細胞一直在破壞，細胞被破壞之後就要修復，只要有一兩次的修復錯誤，就可能會癌變，所以如果長期慢性胰臟，產生胰臟癌的機會就會高很多。

❸ 肥胖者

其實肥胖造成的健康問題很多，肥胖者本身 W-6 的脂肪酸就會比較多，基本上就是發炎體質，目前發現肥胖至少跟十三種癌症有相關性，所以一定要減肥，不然罹癌機會大增。

❹ 糖尿病患者

這個理論很多種，有一種是說血糖高使得人體內很多蛋白質被過度糖化，造成免疫細胞的功能下降，當然罹癌的機率會增加。另外中央研究院發現血糖高會促使正常的胰臟細胞基因突變，使正常的胰臟細胞轉成胰臟癌。所以糖尿病患者一定要好好控制血糖。

❺ 飲酒過量者

由於酒精本身會攻擊胰臟，再來是酒精過量，三酸甘油脂會很高，此兩者都會造成胰臟發炎，所以喝酒除了會引起肝硬化、造成肝癌之外，也很容易得胰臟癌。

❻ 長期吸菸者

大家以為抽菸只會引起肺癌，其實也會引起胰臟癌。

❼ 男性

可能是基因的關係，男性天生就比女性容易得到胰臟癌。

如果你是符合以上的胰臟癌高風險群，真的要到醫院做個徹底的檢查，而治療胰臟癌最有效的方法就是開刀，但只有早期診斷才有辦法做到，若已是第三期或四期的病患也不要放棄治療，現在有些新的標靶治療，對胰臟癌也有一定的療效。

江醫師小教室

癌症位於國人死亡第一名，每 11 分 2 秒就有一人死於癌症。從以下十大癌症可以看出早期發現、早期治療的重要性。就像卵巢癌發生率不高，但死亡率卻很高，就是因它不容易被發現所致。

衛福部公布國人十大癌症：

❶ 氣管、支氣管、肺癌
❷ 肝、肝內膽管癌
❸ 結腸直腸、肛門癌
❹ 女性乳癌
❺ 口腔癌
❻ 攝護腺癌
❼ 胃癌
❽ 胰臟癌
❾ 食道癌
❿ 卵巢癌

5

維他命D，
幫助糖尿病患者
血糖更穩定

　　糖尿病一般來說可以分成兩型，第一型的糖尿病常發生在年輕人，它比較是一種自體免疫型的疾病，曾經有一位大學生，在生了一場重感冒後，莫名其妙的在半年後被診斷出得到第一型糖尿病，為什麼會這樣呢？

　　最可能的原因就是那一場引起重感冒的病毒，讓這位大學生的免疫力活化了，被活化的免疫細胞開始攻擊感冒病毒，但不幸的是，病毒被清光後，這些被活化的免疫細胞並沒有乖乖的停止下來，而是繼續攻擊他自己的胰臟，造成胰臟被大量破壞，當然會導致沒有辦法分泌足夠的胰島素，造成糖尿病。

　　維他命 D 可以抑制被過度活化的免疫力，所以保持血中

維他命 D 足夠，對很多自體免疫的疾病都有一定的保護作用。

維他命 D 有助於改善胰島素阻抗

如果你得到的是二型糖尿病，這種病人通常有胰島素阻抗的問題，也就是說原本一單位的胰島素可以降二十單位的血糖，那有阻抗的人，可能就變成降十單位的血糖，當然久了之後就會有血糖過高的問題。

研究發現，維他命 D 有助於改善胰島素阻抗，也就是說，如果你血中維他命 D 濃度足夠，可能對於預防第二型糖尿病有一定的幫助，另外，如果你已經是糖尿病患者，維他命 D 可以幫助你血壓的控制，併發症就不會那麼多。心血管疾病患者也是一樣，動脈硬化除了膽固醇高、還有發炎反應，剛好維他命 D 可以抑制發炎反應，所以能夠減少動脈硬化的發生。

糖尿病患者多半不自覺自己已罹病

目前全世界糖尿病年輕化，一般來說，40 歲以前患病叫做年輕型的糖尿病。越年輕患病越不會感受到痛苦，這也讓年輕人輕忽，而不會積極治療，但根據研究報告指出，年輕型的糖尿病，未來罹患慢性病併發症的機率高，因為病程太久，例如眼睛比較容易受傷、洗腎（45% 都是糖尿病病變引起）、

心臟病、中風、截肢等可能性。

在台灣兩千三百萬人口中，有接受治療或是控制的糖尿病患者至少兩百萬人，約佔全人口的十分之一，但是估計還有一半的人還不知自己患有高血糖。所以嚴格來說，在台灣約有四百萬人受高血糖影響，平均每六個人就有一個人有血糖問題。為什麼很多人不知道自己有高血糖問題呢？因為初期症狀不明顯，正常來說血糖高過 126mg/dl 就是糖尿病患者了，但一般你血糖超過 126mg/dl，短期間你可能還是沒有感覺，但是血糖會一直破壞你的血管及全身器官，所以有時候急診病患來求診，他的血糖爆表，但你問他有沒有糖尿病，幾乎都會說沒有這個問題。

門診有一位 50 幾歲病患，家人送他來急診，原因是吃火鍋時不明原因昏倒，家人以為他是中風還是心肌梗塞，非常緊張，急診室護理師拿血糖機幫他測指數，結果血糖指數太高連血糖機都讀不出來，一直出現 ERROR（錯誤），後來只好靜脈抽血測量，發現血糖高達 800 多。一般正常人吃飯是小於 140mg/dl，200mg/dl 以下都算還可以，只是有點血糖耐受不良，但是正常人絕對不會超過 200 的。上述這位病人施打胰島素就醒過來了，他自己也說從未有過高血糖的問題。

另外，還有一個 30 幾歲的年輕人，因為騎車意外摔車，連續換了三週的藥，傷口一直無法癒合、越換越差。我們還錯

怪他沒有好好照顧傷口，因為他的體型微胖，後來幫他測糖化血色素值才發現竟然是 9，正常人不會高於 6.5，5.7 以上就有點問題了，所以說他也是一個糖尿病患者，造成傷口癒合緩慢。上述案例可知，很多人血糖有問題，只是自己不知道而已。

另外，胰島素在我們身體就是掌管合成的作用，胰島素利用葡萄糖把它變成能量和其他物質，而糖尿病患者多數肥胖的原因是因為血糖高，胰島素濃度會比正常人高很多，就會造成很多血糖慢慢被合成脂肪，所以糖尿病患者如果血糖高就容易比其他人肥胖。

▌有以下症狀，小心血糖已經升高了

❶ 容易感到疲勞

在門診很多人會問我，為什麼高血糖容易疲勞？這是因高血糖情況下，血液比較黏稠，血液流動不順，氧氣輸送就更不容易到達周圍組織，自然就容易感到疲倦。其次是高血糖表示細胞利用血糖能力不好，就沒辦法產生能量所致。另外，貧血也是另外一個原因，高血糖患者久了會造成腎臟功能不好，就有可能導致貧血，貧血的人也會疲倦。很多人誤以為自己疲倦就是肝不好，或是詢問是不是甲狀腺不足，只要檢測上述這兩

項沒問題，就有可能是血糖太高的問題。

❷ 脫水、口渴及皮膚乾燥

血糖太高會有利尿作用，會把水分從小便帶出去，稱為尿糖症。這種情況你會想喝水，而且皮膚一旦缺乏水分就容易乾燥、龜裂，有些人甚至因為龜裂造成感染都有可能。

❸ 手腳麻痺、感覺遲鈍

一般會出現手腳麻痺、感覺遲鈍這樣的神經傷害，都是已經罹患 5 ～ 10 年以上糖尿病患者慢慢形成居多。手麻的分布區域大部分都在我們手和腳最末梢，絕大多數是從手腳遠端到近端且是兩側性的。它會傷害我們的神經，造成感覺遲鈍，甚至有時候破皮傷口、流血你可能都不知道，因為痛覺很遲鈍，這時候就很容易感染。

❹ 便祕、腹瀉、脹氣

糖尿病併發症很多，糖尿病的血糖本來就會傷害到血管，不管是大血管還是小血管。大血管就是心臟血管和腦血管，小血管就是佈滿全身的血管。我們手腳的神經需要血液去供應，所以當你手腳會麻痺時，有可能是供應神經營養的小血管受到血糖傷害。

同理，肚子裡面也會受到交感神經和副交感神經所控制

的，當你有糖尿病的時候，交感神經和副交感神經的血管供應都會異常，所以有的人會像腸躁症一樣，緊張的時候會便祕、腹瀉、脹氣，有時候治療方向會被誤導，一直以腸躁症方向治療都沒有好，最後才發現是糖尿病所致，但只要血糖控制好這些症狀都會逐漸消失。

我們在臨床上看到血糖飆升原因，像是有些糖尿病病人突然間血糖失控，或是說從來都不知道自己有糖尿病的病人被送進急診室，通常都是因為暴飲暴食、感染問題（老人家常見的泌尿道、呼吸道、褥瘡）這兩個因素，都很容易造成血糖控制不好。

肺癌、肺炎，
肺不好，
和維他命D有關？

就如同我之前所說，體內維他命 D 足夠的人，比較不容易得到癌症，通常是在乳癌和大腸癌比較明顯，但在肺癌上，最近的研究也有類似的結論。一篇於 2015 年的國外研究報告就指出，血中維他命 D 的濃度每上升 2.5ng/ml，得到肺癌的機率就會下降 5%，血中維他命 D 對肺癌發生最好的保護濃度似乎介於 20 多～ 30 多之間，更高似乎也沒有明顯的保護作用，當然這只是單一篇的研究報告，雖然血中維他命 D 濃度和癌症的關係在研究中總是很難有明確的結論，但大部分的研究是正向的。

肺癌死亡率高居第一名的原因

肺癌如果在一、二期發現時，治療上不是太困難，但是往往一發生肺癌，有六成以上都已經是第三期或第四期了。在台灣，肺癌的發生率並不是癌症排行榜的第一名，以男性來說罹癌率第一名為大腸癌、女性罹癌率第一名是乳癌，但肺癌的死亡率，不分男女都高居第一名，這是因為肺癌不容易被發現。

我們人體的肺，左邊有 2 片、右邊有 3 片，但是肺損傷至少要 40 ～ 50％以上，症狀才會顯現出來，一般肺癌發生率在肺中央約占 3/4、肺兩側約占 1/4。當我們肺中央出現損傷時比較容易被發現，因為較靠近呼吸道而比較會有哮喘聲及咳嗽症狀出現，但是像咳嗽又久咳不癒時，大多數人只會覺得自己氣管不好、空氣不好，即使咳嗽 2 ～ 3 個月，多數人都不會去看醫生，只會喝感冒糖漿緩解而已。我們在臨床上看到的肺癌，最常看見的症狀就是久咳不癒及咳嗽帶有血絲這麼簡單的症狀，但一般人都輕忽它。

狡滑難察覺的肺癌

若肺癌出現在肺兩側者，幾乎完全不會有症狀，只有當它侵犯到旁邊的肋膜產生肺積水或胸部劇烈疼痛時才被發現。曾經門診裡有一位約 70 歲阿嬤，她說最近有些喘，幫她檢查發

江醫師小教室

不可輕忽的肺癌警訊

❶ **持續咳嗽超過兩週**：一定要趕快就醫，因為有可能肺癌長在氣管旁。

❷ **合併呼吸困難、胸痛**：如果肺癌長在邊緣處，可能會漫延到肋膜，這裡是有痛覺神經的（但肺部本身沒有痛覺），所以會有胸痛的情況產生，若咳嗽合併一點呼吸困難，又加上胸痛，你可能要懷疑是不是有肺癌了。

❸ **咳血、咳出帶血的痰**：一般感冒咳嗽的痰是不會帶血的，但若有肺癌就會有帶血痰的狀況。

❹ **體重異常減輕**：若你並沒有在減肥，又有以上三點症狀的話，要非常注意是否有得肺癌的可能。

現只能聽到左肺的聲音、右肺完全聽不到聲音，照完 X 光片後才知道右肺一半已積水，右肺側邊已發現好幾顆腫瘤並確診得到了肺癌，她會這麼晚才發現就是因為肺癌長在側邊。因此，肺癌並不是有多難治療，而是難在症狀不明顯。建議若是久咳不癒及咳嗽帶有血絲超過兩個星期時，還是去醫院做 X 光檢查，可以先排除很多問題。

還有一個案例比較特殊，她連咳嗽也沒有，本來是照乳房 X 光攝影檢查，她順帶提起肩膀痛，能否幫她檢查？我替她照了 X 光發現，她右邊肺尖有一顆腫瘤，肺尖剛好刺激到腋下導致右肩痛。一開始她以為自己是運動傷害，經檢查才發現是肺癌，就是因為肺癌症狀不典型，常常造成發現時就是第三、第四期了。所以建議年紀 55 歲以上、有抽菸習慣、有肺癌家族病史者，每年都還是要去醫院做健檢，提早預防。

癌症是一個很強的模仿者，有些癌症症狀的產生，不是在它原來的器官上面。因為癌症可能會轉移，或是分泌一些物質影響全身的症狀。我們最常發現的就是肺癌和胃癌。舉例來說：門診上有個案例是一位男性因為胸部腫大來做檢查，檢查發現是男性女乳症，但徹底檢查才知道是肺癌引起，因為他的肺癌細胞竟然會分泌女性荷爾蒙；還有人身上會莫名其妙長一些黑斑，也是經過檢查才知道是得了肺癌。

▍肺癌該如何預防？

男性抽菸者得到肺癌機率就是一般人的 10 倍，女性則是 5 倍，二手菸則是 2 ～ 5 倍。因此戒菸還是最重要的，雖然癌症一般好發因子就是基因和環境，但肺癌基因遺傳影響不大，它和大腸癌一樣都是可以預防的癌症。長期抽菸者的肺就像是菜瓜布肺（肺部纖維化），這是因為長期抽菸造成發炎所致，

要做低量電腦斷層還是照胸部 X 光？現在檢測是否有肺癌很常用「低量電腦斷層」，這個較適合肺癌的高危險群來檢測，例如老菸槍，但一般人定期做胸部 X 光檢查即可。

肺功能可能只剩下 50%，常常會喘且萬一遭受感染致死率非常高。根據統計指出，如果戒菸超過 15 年得到肺癌的機率會下降，但是肺功能一旦受損都是不可逆的，所以能立即戒菸當然是最完美的情況了。另外臨床上，有些女性肺癌者沒有抽菸卻也罹癌，這可能和廚房的油煙有關係，特別提醒女性做飯時，抽油煙機一定要打開並保持廚房的良好通風。

▌什麼是肺積水？肺炎症狀怎麼分？

肺炎就是肺發炎，它可以是細菌、病毒所致。肺積水就是肺外圍肋膜積水，統稱是肺積水，所以肺炎不一定會是肺積水，肺積水也不一定是肺炎，這是兩件事，只是肺炎比較嚴重時常會造成肺積水。

肺炎通常都是細菌或是病毒感染所致，因此肺炎也是會傳

染他人的。現在衛福部大力提倡 5 歲以下嬰幼童、65 以上長者要施打肺炎鏈球菌疫苗，因為 65 歲老人家得到肺炎鏈球菌死亡機率很高，約有 21%，小朋友約 2.4%；但乳癌死亡率一年不到 20%，很多人都很害怕癌症，卻漠視了致死率更高的肺炎，很多民眾真的不明白肺炎致死率的嚴重性。而且，有時候老人家得到肺炎並不是被傳染，而是吸入性肺炎，尤其吞嚥功能和咳嗽功能較差的老人家，容易一嗆到就造成發燒，或是更嚴重的呼吸中止都有可能。

另外，目前施打的肺炎鏈球菌疫苗可以預防 10 ～ 15 年，因此符合相關條件的人就應該施打。很多人問我，年輕人需要施打嗎？這可以根據你個人型態來決定，像我自己是醫生，每天接觸非常多病人，我就會施打肺炎鏈球菌疫苗，其他例如：糖尿病患者、肝臟功能差，還有脾臟切除者，因為脾臟對肺炎鏈球菌免疫力的形成是有助益的，因此切除脾臟的人，也應該去施打。只要你是屬於高危險群，建議都應該去施打，做好保護自己的措施。

每天 15 分鐘，強肺運動

下面這兩組動作，都能有效加強肺部的功能，建議大家可以每天做。尤其很多老人家體力不好，或是抽菸抽了一輩子，要他們做一些激烈的運動時，很容易會感到氣喘如牛、不堪負

荷，這時透過簡單運動來強化肺部，讓肺功能發揮保護作用。

❶ 腹式吸吸

　　一開始可以練習用力吸氣，讓肚子鼓起，再慢慢吐氣。熟悉後，吸氣時深呼吸並將雙手舉高過肩，吐氣時雙手往下慢慢彎腰、嘴巴做圓圈狀將氣吐出，記得吐氣時間長一點。吸氣吐氣的時間為 1：2，也就是吸氣 3 秒、吐氣 6 秒，每天做 15 分鐘。

　　每天都可利用零碎時間，像是看電視進入廣告時都可以做。但不要飯後做，可在飯前或飯後兩小時後做。

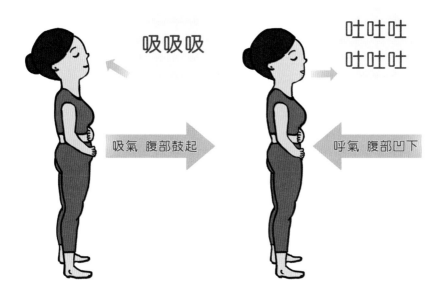

吸吸吸

吐吐吐
吐吐吐

吸氣 腹部鼓起

呼氣 腹部凹下

❷ 拍打肺經

右手平舉與肩同高，左手輕拍右手鎖骨下方位置，每邊拍36下後換手拍，一天一次即可。

江醫師小教室

如何測試長輩吞嚥能力、喉嚨老化警訊？

Check1

若有以下二項以上的選項，表示長輩吞嚥能力是較差的，需多留意。

☐ 用餐時常嗆到或咳嗽

☐ 常誤嚥自己唾液咳不停

☐ 吞大顆藥錠有困難

☐ 用餐後聲音變沙啞、喉嚨有異物

☐ 不自覺常用嘴呼吸

☐ 喉結位置下降到脖子中間以下

☐ 晚上咳到不能睡

☐ 經常乾咳清喉嚨

☐ 喉嚨常卡痰

Check2

當以下兩者都可以做到時，表示長輩吞嚥能力沒有問題

☐ 當發出聲音時，可以超過至少 10 秒以上

☐ 30 秒內可以吞嚥口水三次

··· 為何時常感到胸悶、胸痛？

其實現代人常感到胸悶、胸痛，可能是因為坐姿不正造成的神經緊繃的疼痛，或者其他原因，以下就來看看是哪些原因造成的。

❶ 心臟疾病

當有心臟方面的疾病時，會感到心頭像是有塊石頭重壓著，不過這種情形常見於男性，女性反而可能只有輕微的胸悶而已，又或是下巴痛或肩膀痛，等倒下時，已經心肌梗塞了，為何女性會如此呢？因為男性心肌梗塞時血管堵塞常是突然間發生的，大石頭壓在胸口上的症狀會非常明顯。而女性的冠狀動脈硬化則是漸進式的，所以硬化的早期只會有輕微的胸悶，等真正嚴重血管阻塞時，就是直接倒地了。

所以平常就要注意，若有胸悶、胸痛，又有三高（高血糖、高血壓、高血脂）加上又是女性的話，就要特別注意心臟有沒有問題，一定要去做檢查。

❷ 胃食道逆流

這是因為下食道括約肌鬆弛，造成關閉不緊，使得胃裡的

胃酸、氣體或固體物跑到食道裡。有些人會以胸悶的情況來顯現，特別是躺下去的時候才感到胸悶，這時就要懷疑可能是胃食道逆流引起的胸悶。

❸ 乳房腫瘤

不管乳房會不會痛，只要摸到硬塊，都要趕緊就醫檢查，千萬不要拖延。

❹ 肺部急症

當肺癌漫延到肺部外包覆的肋膜時，一定會感到疼痛，因為肋膜上布滿神經，如果排除掉以上三個原因，就有可能是肺癌，請盡速就醫。

❺ 肌肉緊繃

臨床上約80％的胸悶、胸痛是因肌肉緊繃造成的，現在大家常使用3C產品，加上姿勢不正，易造成胸部附近肌肉緊繃而產生胸悶、胸痛，因為這部位有很多細微的神經和血管。這種情況的胸悶、胸痛不必太緊張，但要先排除以上四個需就醫的症狀，才可歸類為肌肉緊繃症狀。

緩解肌肉緊繃的運動操

　　這個體操很簡單，一天來回做個3～5次，就可有效舒緩胸部緊悶的感覺。

〔Step 1〕右腳往前跨，雙手互扣在背後，挺胸用鼻子吸氣。

〔Step 2〕吸氣的同時，身體、肩膀盡量往後拉開，頭部也盡量往後仰。

〔Step 3〕然後吐氣放鬆。

〔Step 4〕接著換腳重複上述動作。

吸氣

關於癌症，
我想說的是……

　　各位知道台灣每幾分鐘就有人得癌症？答案是 4 分 58 秒。所有癌症都是愈早發現愈好。現在醫藥真的非常進步，即便是很晚期才發現罹癌，還是有機會醫治的。

▌不要害怕、不要放棄，我陪你一起面對

　　我的門診有個 30 幾歲的女性，不幸右邊乳房罹患乳癌，而且已經有發臭的現象，我非常驚訝，她這麼年輕，又不是住在偏遠地區，也沒有行動不便，怎麼會拖到這麼晚才來就醫？她沉默了一下才說，因為來找西醫就是要化療或開刀，因她不想失去一邊的乳房，所以才沒來看西醫，加上又道聽塗說，有

人一做化療沒多久就過世了，所以一直對西醫沒信心。

接著我又問她：「那你今天為什麼要來？」

她回說：「因為很痛啊，而且又一直出血，只好來了。」

然後她又說：「醫生我跟你打個商量好不好？我不要開刀也不要化療，你可以幫我醫治嗎？」

我雖然覺得很困難，但還是說服她先住院接受治療，還好這位女性非常幸運，那時，剛好有一種乳癌特效藥適合她，讓她服用四個月之後，她的乳癌就消下去很多，她對我產生信任感後，我再說服她接受開刀，把腫瘤取出來，而且不會失去乳房。後來，她也同意開刀，但沒想到繼續服藥又過兩個月後，她的腫瘤就不見了，因此，她非但不必開刀，還達成之前說的願望。

這個故事就是告訴大家，現在的醫藥真的非常發達，即便是很晚期才發現癌症，還是有治癒的機會，千萬不要放棄，請大家分享給你們的親朋好友。

但話說回來，早期發現還是最重要的，其實我們政府在這點上做了非常多事情，目前有四種癌症可以免費做篩檢，分別是口腔癌、子宮頸癌、大腸癌、乳癌，男生最常見是大腸癌，女生最多是乳癌。以大腸癌篩檢為例，如果有 10 個大腸癌病患用糞便來做大腸癌篩檢，就有 8 人會被發現罹癌，所以這種篩檢法準確度相當高。

曾經有個 52 歲的男性只是陪太太來看診，然後我們門診的護理師建議他順便做個免費的大腸癌篩檢，沒想到竟因此發現自己罹患大腸癌，並且因為發現得早，而得已趕緊接受治療，所以他非常的感謝我們。

　　女性則是從 45 歲開始就有免費的乳房攝影癌症篩檢，因為台灣女性乳癌好發年紀為 45 ～ 50 歲，但是至目前為止還是很少人去做，因為乳攝的過程會造成乳房疼痛。據統計，10 位女性中，只有 2.5 位有去做乳房攝影癌症篩檢，但如果每位女性都願意接受檢查，可以降低 41％因乳癌過世的機率。

▎癌症有辦法預防嗎？如何預防？

　　預防癌症的關鍵，在於下面三個要素：

一、扭轉致癌基因

　　基因加上環境是造成癌症的主因，很多人以為基因無法改變，其實致癌基因可以改變，各位有看過我之前的書嗎？有聽過我的「20 分理論」嗎？我總是不厭其煩的跟大家說著這個理論的原因，是來自於門診一位才 28 歲就得到乳癌的年輕媽媽，當她被確診為乳癌患者時非常生氣的跟我說，「你們不是說小孩子生得多、餵哺母乳、不要太胖，就不易得乳癌，我生了三個孩子，每個都餵母乳，而且也努力維持體重不發胖，但

我還是得癌症了？」並抱怨的說，「我姊胖胖的，沒結婚沒生小孩，還抽菸喝酒，卻沒事？為什麼是我？」

我跟她說：「假設今天一個人只要累積了 20 分的癌症因子就很可能罹癌，這些因子分別來自天生基因和後天的環境。」

「如果你父親天生的癌症基因有 10 分，你母親天生的癌症基因是 10 分，你父親的癌症基因遺傳給你 8 分，你母親的癌症基因遺傳也給你 8 分，所以你天生的癌症基因就有 16 分，而你姊姊的癌症基因可能從父親那遺傳了 5 分，從母親那也遺傳了 5 分，所以你姊姊天生下來的癌症基因就是 10 分，雖然你們是姊妹，但你天生的癌症基因就是比她多，但你姊姊又抽菸又喝酒，所以環境給她的致癌因子是 8 分，她現在 30 歲，累積下來的積分是 18 分，而你生活非常自律，所以環境給你的致癌因子只有 4 分，28 歲累積下來的積分就是 20 分已達罹癌標準，於是你罹患癌症了，但這並不表示你姊姊不會得癌症，她罹癌的機會還是很高。

「即便如此，只要你好好控制後天的環境因子，就能將罹癌的積分降低，固然天生癌症基因無法控制，但是後天的致癌環境因子卻可以經由人為來控制，因此，還是可以降低自己的罹癌機率，讓積分低於 20 分，就不會輕易罹癌，所以癌症是可以預防的。」

二、遠離致癌因子

　　這就是指環境因子，舉例來說，想要預防大腸癌，就上網查一下，大腸癌的危險因子是什麼？只要避免這些大腸癌的危險因子，就能達到預防效果了。又比如，如果你天生有乳癌基因，就去查一下乳癌的危險因子是什麼？不要去做那些就好了，自我遠離那些危險因子就是預防方法了。

三、強化身體免疫力

　　這裡要強調一件事，即便最後不幸產生癌細胞了，也不一定會得癌症，關鍵在於身體的免疫細胞。只要你的免疫細胞夠強，還是可以把癌細胞殺掉。所以，一個人即便天生帶有極高的罹癌因子，只要好好的控制，遠離後天的致癌環境，再加上良好的免疫力，就不易得癌症。

 江醫師小教室

維他命 D，被低估的營養素

　　我在前面文章有提過我們全身都有維他命 D 接受體，所以維他命 D 幾乎可以作用在身上所有的器官上。尤其是癌症病人，他們體內維他命 D 的濃度常被測到比一般正常人低，也有研究指出，維他命 D 較低的病人的確也和有些癌症罹病率相關，但是目前比較無法確定維他命 D 濃度的高低多少，對人體才具有保護作用，因為對每個癌症的濃度的需求不大一樣。總之，大約有 11 種癌症都是和維他命 D 濃度多寡有關係的。

3步驟，積極防癌

扭轉致癌基因

防止癌症找上門，少糖就對了

大家知道癌細胞喜歡吃糖，因為癌細胞長得比正常細胞還快，所以需要很多的能量，便會需要很多糖分，這也是為什麼在做正子攝影時要打糖水入身體，因為可以觀察身體哪個部位吸收糖水最快，就可以合理懷疑那個部位可能存在癌細胞。

以前認為糖尿病患者因為免疫力低，可能是癌症的高危險群，但最近研究發現，身體的血糖過高，就會造成正常細胞基因突變，因而罹癌。

另外，加拿大也有研究發現，女性每週喝三杯 355CC 的含糖飲料，就會提高乳癌病變的風險。美國的一項長達十年的研究證實，空腹血糖偏高的人，容易得各種癌症，女性以肝癌和子宮頸癌居多，男性則是胰臟癌、食道癌、肝癌和大腸癌。

高血糖會促進乳癌細胞轉移

各位有沒有想過，為什麼得皮膚癌或乳癌會致死？其實如果沒有癌細胞轉移這個風險，得到這類癌症並不一定會致死，真正的死因就是癌細胞轉移到身體裡的重要器官，例如若乳癌轉移到肺臟，那死亡機率就非常高了，而高血糖的人，癌細胞轉移的機率非常高，特別是對乳癌患者而言。

所以如果你已是乳癌患者，一定要少糖或戒糖，如果你是一般的健康人，也一樣不要攝取過多的糖分，因為高血糖容易導致基因突變。

▍遠離致癌因子

最近很流行生酮飲食，大家知道生酮飲食是怎麼被發現的？一開始是用於治療小孩子的癲癇症，後來因為發現癌細胞喜歡吃糖，所以當癌症患者開始吃生酮飲食時，發現可以有效控制癌細胞，因為不供給它糖分，而證實生酮飲食是有用的，但是現在的研究只有證實對腦癌患者可能有效，至於其他癌症

則仍有待證實，所以，目前醫界仍不鼓勵生酮飲食，因為各項證據仍舊太薄弱。

那究竟要怎麼吃最健康，不管你是癌症患者或是正常健康人，最佳飲食建議：蛋白質 15％＋脂肪 35％＋澱粉 50％，根據統計數字，照這樣吃的人活最久。

這裡要告訴大家澱粉不等於糖，所謂的糖，是一吃下去，會讓你的血糖迅速升高，例如，如果你吃太多精緻澱粉很可能讓血糖飆高，什麼是精緻澱粉，就是三白：白飯、白麵、白麵包，這三白會讓血糖迅速飆高，一定要少吃，而像是燕麥、五穀雜糧、糙米飯等好的澱粉類則可以吃。

▌強化身體免疫力

大家一定聽過疫苗，像是預防感冒的疫苗等，一打下去，就可以產生抗體，增強身體免疫力。那麼癌症疫苗也是同樣道理，希望打了這個疫苗後，就可以產生對抗癌症的抗體，然而很可惜的是，目前還沒有這樣的疫苗問世。但是有所謂的替代疫苗，例如 B 型肝炎疫苗，如果你打過這個疫苗，就能有效降低得到肝癌的機率，為什麼呢？因為大部分的肝癌是 B 型肝炎造成的，所以預防 B 型肝炎就可以預防部分的肝癌。

破除HPV五大迷思

　　HPV 人類乳突病毒疫苗主要是針對子宮頸癌，然而 HPV 病毒其實有 120 多種，分為兩型，一種是高致癌性，一種是低致癌性，高致癌性的 HPV 病毒會造成子宮頸癌、陰莖癌、肛門癌、口腔癌、食道癌，而低致癌性則是菜花等。

　　打了 HPV 疫苗之後，可以預防七成以上的 HPV 病毒，因而女性得到子宮頸癌的機會也會大幅降低，男性則是可以減少陰莖癌、肛門癌、菜花等病發機率，所以建議不論男女都建議施打。

❶ 不論男女，一生感染人類乳突病毒的機率高達 80％。即便性生活很單純的人，仍有五成的機率會感染 HPV 病毒，而性生活較複雜的人，感染的機率相對更高。

❷ 幾乎每兩對情侶／夫妻就有一對會感染。

❸ HPV 可能導致多種常見疾病。

❹ 非單一傳染途徑。很多人以為只有性行為才會傳染 HPV，其實不一定，像是泡溫泉也有可能感染到。

❺ 感染 HPV 沒有任何症狀。

HPV 疫苗可預防的疾病	女性	男性
子宮頸癌	○	
外陰癌前病變	○	
陰道癌前病變	○	
子宮頸癌前病變	○	
生殖器官溼疣（菜花）	○	○
肛門癌	○	○
陰道癌	○	
外陰癌	○	

預防HPV三步驟

❶ 依醫囑接種 HPV 疫苗。不只是成年人才要打，9 歲以上的孩童就可以施打了，每個地方政府規定不一樣，例如，台北市政府規定，國一就可以施打疫苗了，但採自願施打而非強制性的。

❷ 安全性行為。

❸ 建議女性定期做子宮頸抹片檢查。

Part 4

日日好D
家常料理

除了牛奶、起司，
你知道還有哪些食物的維他命 D 含量更高嗎？
原來一日三餐裡多加這些食材做成料理，
就能不知不覺補充維他命 D，
本章節教你透過常見好 D 食材，
做出美味家常菜。

黑木耳

維他命D含量：1968 IU／100g

　　黑木耳是熱量低、膳食纖維又高的蔬菜，含有各種礦物質，像是鈉、鉀、鈣、鎂等等，是很好的營養來源。

　　根據研究報告顯示，黑木耳對於女性多囊性卵巢症候群肥胖者的減重及降血脂，有非常好的效果。如進行體重控制時，黑木耳可增加飽足感，還有降低膽固醇的功效。長期食用黑木耳，其膳食纖維有潤腸通便及改善腸道細菌菌相。

　　另外，黑木耳也含有抗凝血物質，使血液黏稠度降低，預防血栓的形成，減緩粥狀動脈硬化等疾病風險。黑木耳的水萃物抗氧化能力，能抑制血管收縮素轉化酶及降血壓之功效，並富含多醣體，可增強免疫功能。

　　雖然黑木耳具有很多保健功效，但並非人人都適合，像是以下的情況就不宜過度食用：凝血功能異常者不宜天天食用；手術

前後、拔牙前後、女性月經期間也不宜過量或暫時不宜食用；容易出現白帶者，在食用上須搭配薑或一些溫熱食材一起烹煮，避免過寒。

營養組成	乾木耳／每 100g 含量	濕木耳／每 100g 含量
熱量	333kcal	38kcal
修正熱量（注）	224kcal	24kcal
蛋白質	13.8g	0.9g
脂肪	0.7g	0.1g
飽和脂肪	0.1g	0.0g
總碳水化合物	74.7g	8.8g
膳食纖維	57.7g	7.4g
鈉	28mg	12mg
鉀	1470mg	56mg
鈣	113mg	27mg
鎂	143mg	17mg
鐵	2.8mg	0.8mg
鋅	4.9mg	0.3mg
維生素 B2	0.90mg	0.09mg
菸鹼素	4.24mg	0.31mg
維生素 B6	0.69mg	0.03mg
維生素 B12	0.23ug	0.13ug
葉酸	47.5ug	9.4ug

注：計算方式依每100g可食部分中的蛋白質、脂肪、碳水化合物（需扣除膳食纖維含量）及膳食纖維的含量，分別乘以其個別的熱量係數而得。

鮭魚

維他命D含量：880 IU／100g

　　鮭魚是富含油脂的魚類，還有像是維生素 A、D、E、B12 及 omega-3 等營養成分。從國民營養調查發現，在台灣 19 ～ 64 歲的女性營養素攝取皆有不足的現象，鮭魚就是提供這些營養素的很好來源。

　　鮭魚不僅是很好的優質蛋白質來源，其中含有的維生素 A 有益於我們的皮膚黏膜健康，且也提供膠原蛋白；硒蛋白可改善心血管疾病，並增強身體裡的礦物質；維生素 B12 可改善貧血。

　　另外，鮭魚富含維生素 E，對常頭痛或更年期的女性而言，給予維生素 E 是有幫助的。也有研究發現，體內維生素 E 的濃度越低，骨密度也會偏低，因此想要留住骨質的人，可以多食用富含維生素 E、D 的鮭魚。

根據西班牙更年期協會的建議，更年期的婦女需多攝取 omega-3 不飽和脂肪酸，而屬於紅肉魚的鮭魚，其 omega-3 不飽和脂肪酸含量又會比白肉魚多，建議更年期婦女可多食用鮭魚。

鮭魚的營養成分

營養組成	每 100g 含量
熱量	222kcal
蛋白質	19.6g
脂肪	15.3g
飽和脂肪	4.1g
總碳水化合物	393mg
膳食纖維	27mg
鋅	0.8mg
磷	248mg
維生素 E 總量	2.58mg
菸鹼素	5.85mg
維生素 B6	0.79mg
維生素 B12	2.84ug
葉酸	9.0ug
維生素 C	2.8mg
亞麻油酸（18：2）	869mg
次亞麻油酸（18：3）	362mg
EPA	975mg
DHA	1311mg

秋刀魚

維他命D含量：**760 IU**／100g

　　每 100 公克的秋刀魚，熱量約 120 ～ 150 卡，所以平均一條秋刀魚的熱量大約有 314 大卡（超過一碗白飯的熱量），屬於高油質的魚類，而蛋白質和脂肪含量也偏高，如要控制體重的人，需適量食用，但同時因為含有豐富的油脂能延緩胃排空，飽足感比較強。

　　秋刀魚的 EPA 及 DHA 營養成分比鮭魚高，且因為它是小型魚的關係，所以比較不必擔心重金屬的汙染。秋刀魚含有鐵等礦物質，菸鹼素的含量也很高，有助於降低三酸甘油脂。

　　需特別留意的是，傳統市場的秋刀魚在開放環境與室溫下販賣，缺乏良好的衛生環境，造成其 TVBN 值（Total volatile basic nitrogen 總揮發性鹽基態氮，指海鮮類放久了，蛋白質腐敗）與大腸桿菌群偏高，因此，建議秋刀魚不論 PE 或真空包裝，皆應貯存

在 4℃以下，以延緩食品品質的劣變並延長保存期限。

　　秋刀魚體內會有紅色小甲蟲等寄生，但煮熟後就可以安心食用，不必擔心。

秋刀魚的營養成分

營養組成	每 100g 含量
熱量	314kcal
蛋白質	18.8g
脂肪	25.9g
飽和脂肪	6.3g
鉀	236mg
鈣	11mg
鎂	23mg
鐵	0.9mg
鋅	0.4mg
磷	182mg
維生素 E 總量	0.73mg
維生素 B2	0.28mg
菸鹼素	7.40mg
維生素 B6	0.26mg
維生素 B12	7.44ug
亞麻油酸（18：2）	466mg
次亞麻油酸（18：3）	464mg
EPA	1665mg
DHA	2901mg

香菇

維他命D含量：**672 IU**／100g（乾香菇）‧**84 IU**／100g（鮮香菇）

香菇是常見蔬菜中，纖維含量非常高的食材。所謂高膳食纖維是指一天要攝取約 30 公克的膳食纖維，而一朵香菇約有 3 公克的膳食纖維，所以只要吃十朵香菇，就有 30 公克的膳食纖維，並可預防大腸癌等疾病。不過其鉀離子含量也很高，所以慢性腎臟衰竭的人不宜食用，包含用香菇熬煮的湯也不行。

香菇的鎂離子含量高，有助於安定精神及穩定肌肉收縮；菸鹼素（維生素 B3）也有助降低三酸甘油脂；葉酸對於孕婦是很好的營養素，有益胎兒神經管的發育，而且它有避免打開我們的壞基因的作用，還可降低罹患心血管病的風險。

香菇水溶性纖維高，對於有腹瀉（如大腸急躁症患者）或便

祕問題的人都很適合食用，還富含可增強免疫力的多醣體。

　　但香菇基本上不能生吃，若食用未煮熟的香菇，可能會引起皮膚發炎等，所以一定要煮熟後再食用。

香菇的營養成分

營養組成	乾香菇／每 100g 含量	鮮香菇／每 100g 含量
熱量	321kcal	39kcal
修正熱量	250kcal	31kcal
蛋白質	20.9g	3g
脂肪	1.6g	0.1g
總碳水化合物	64.9g	7.6g
膳食纖維	37.1g	3.8g
鉀	2016mg	277mg
鈣	31mg	3mg
鎂	118mg	16mg
鐵	3.6mg	0.6mg
鋅	6.7mg	1.2mg
磷	556mg	84mg
銅	259ug	0.063mg
維生素 B1	0.61mg	0.01mg
維生素 B2	2.07mg	0.23mg
菸鹼素	21.52mg	3.06mg
維生素 B12	0.28ug	0.09ug
葉酸	289.7ug	46.3ug

鯛魚

維他命D含量：440 IU／100g

　　台灣鯛魚就是「優質化的改良吳郭魚品種」，因為口感比吳郭魚更細緻，成為餐桌上的常見魚種。

　　鯛魚的熱量非常低，和雞胸肉的熱量差不多，其蛋白質含量非常高，但脂肪量很少；也含有幫助傷口癒合及腸胃黏膜修復的麩胺酸，非常適合需補充蛋白質的癌症患者食用；而異白胺酸和白胺酸則可助肌肉生長，很適合肌少症的老人家作為營養補充；精胺酸有改善心血管疾病之效果，也有助兒童增加促進生長的荷爾蒙。

鯛魚的營養成分

營養組成	每 100g 含量
熱量	108kcal
蛋白質	18.3g
脂肪	3.3g
飽和脂肪	1.1g
總碳水化合物	1.3g
鉀	310mg
鋅	0.6mg
維生素 A 總量（IU）	23I.U.
維生素 E 總量	0.79mg
維生素 B1	0.04mg
維生素 B2	0.02mg
菸鹼素	3.10mg
維生素 B6	0.31mg
維生素 B12	1.50ug
麩胺酸（Glu）	2706mg
異白胺酸（Ile）	787mg
白胺酸（Leu）	1399mg
離胺酸（Lys）	1584mg
精胺酸（Arg）	1033mg

雞蛋

維他命D含量：64 IU／100g

　　雞蛋可分成兩部分來看，一為蛋白，二為蛋黃。小小一顆雞蛋，幾乎包含了人體最需要的基本營養素，可說是一顆天然的綜合維他命。裡面富含脂溶性維生素 A、D、E，以及維生素 B2、B6、B12、葉酸、泛酸和膽鹼等營養素，也包含硒、鋅、鐵等礦物質，有助護眼的葉黃素、玉米黃質等。

　　蛋白的蛋白質含量高，不過脂肪含量卻極低；而蛋黃雖然膽固醇含量頗高，但同時也含有卵磷脂，可以幫助代謝膽固醇。所以雞蛋還是要整顆一起吃，才能獲得最完整的營養。有文獻指出，雞蛋攝取量和強化骨質的骨鈣素有正相關性，因此也很適合發育中的孩子食用。

　　然而，我在營養門診中最常被問到，一天到底可以吃多少顆雞蛋？甚至有患者問到「每天吃一顆雞蛋以上會中風嗎？」其實「美國人膳食指南」已取消了將膽固醇限制在每日 300 毫克

（mg）的建議。大多數富含膽固醇的食物也含有高飽和脂肪酸，飽和脂肪酸含量增加時，就會增加中風的風險，但是雞蛋卻是膽固醇高、但飽和脂肪不高的好食物。

當攝取不方便，或者想找經濟實惠的食物，並能確保有助於兒童和老年人攝入足夠的營養素，便會大力推薦雞蛋。由營養成分表格可以看出，雞蛋雖然是小小一顆，但營養價值高，一天吃一顆很安全的！但若是食用烘蛋、歐姆蛋等高油脂的蛋料理，可能就要控制攝取量了。

雞蛋的營養成分

營養組成	每100g 含量	營養組成	每100g 含量
熱量	134kcal	維生素 E 總量	1.81mg
蛋白質	12.5g	維生素 B1	0.09mg
脂肪	8.8g	維生素 B2	0.49mg
飽和脂肪	3.0g	菸鹼素	0.12mg
總碳水化合物	1.8g	維生素 B6	0.11mg
鉀	136mg	維生素 B12	0.86ug
鈣	43mg	葉酸	66.7ug
鐵	1.9mg	油酸（18：1）	3674mg
鋅	1.3mg	亞麻油酸（18：2）	1547mg
磷	186mg	次亞麻油酸（18：3）	66mg
銅	78ug	EPA	0mg
維生素 A 總量（IU）	548I.u.	DHA	79mg
		膽固醇	386mg

豬肝

維他命D含量：52 IU／100g

現在有很多人不敢吃豬肝，但其實它的營養成分很高，可是熱量卻很低。例如，50 公克的豬肝（約市售一碗豬肝湯的分量）和 8 盎司的牛排都有 5 毫克的含鐵量，但是牛排的熱量卻是豬肝的 12 倍，且價錢也是差距頗大。

想要增加維生素 B 群的攝取，豬肝也是很有幫助的，適合想要增強體力和能量的人，像是老年人、容易貧血的人，以及懷孕中或產後的婦女都很適合食用。

但也有不適合食用豬肝的人，例如高尿酸或是有痛風者，三高族群可以吃，但要納入每日蛋白質分量中，一周不要超過 2 次。

購買豬肝時，不建議買粉肝，因為粉肝就是豬的脂肪肝，表示豬有過多脂肪貯存在豬的肝臟裡，也有可能影響豬的新陳代謝，建議選擇健康新鮮的豬肝食用。

豬肝的營養成分

營養組成	每 100g 含量
熱量	108kcal
蛋白質	18.3g
脂肪	3.3g
飽和脂肪	1.1g
總碳水化合物	1.3g
鉀	310mg
鎂	0.6mg
鐵	23I.U.
鋅	0.79mg
維生素 A 總量（IU）	0.04mg
維生素 B1	0.02mg
維生素 B2	3.10mg
菸鹼素	0.31mg
維生素 B6	1.50mg
維生素 B12	2706ug
葉酸	787mg
維生素 C	1399mg

鴨肉

維他命D含量：124 IU／100g

　　鴨肉雖然看起來很像紅肉，但其實是屬於白肉。常有人問我，「聽說鴨油很好，可以拿來炒菜，或是鴨肉好像對心血管疾病患者很好……」，會有這樣的說法，主要是因為鴨肉裡的油酸含量很高，而油酸其實就是橄欖油裡面主要的油脂成分，對於心血管疾病患者來說，確實是不錯的油脂來源。

　　在中醫的說法裡，鴨肉偏涼性，所以在烹調時往往會加入薑一起料理，以減輕其寒性。鴨肉富含豐富的蛋白質，鐵及鋅的含量也很高，如果是胃口不好，或味覺異常的人，往往是跟缺鋅有關，而鋅含量豐富的鴨肉就是一個很好的補充營養來源。

營養組成	每 100g 含量
熱量	272kcal
蛋白質	17.1g
脂肪	22.0g
飽和脂肪	7.3g
鉀	248mg
鐵	3.0mg
鋅	2.3mg
維生素 A 總量（IU）	85I.U.
維生素 B1	0.23mg
維生素 B2	0.26mg
菸鹼素	3.82mg
維生素 B12	1.52ug
維生素 C	1.9mg
油酸（18：1）	9658mg
亞麻油酸（18：2）	4155mg
次亞麻油酸（18：3）	135mg

營養成分撰寫／審訂

李婉萍 營養師

現職：榮新診所營養師、尹書田醫療財團法人書田泌尿科眼科診所營養師
認證：中華民國糖尿病衛教師（CDE）、體重管理營養師、中華民國丙級
　　　廚師證照、美國 NAHA 國際認證芳療師、英國 IFA 國際認證芳療師

FB 粉絲團：李婉萍的營養天地（goo.gl/mrX1E5）
部落格：李婉萍的營養天地（healthydietitian.blogspot.com）
YouTube 頻道：李婉萍的營養天地 - 健康與飲食素養（goo.gl/t9wcc9）
抖音帳號：wanpinli

醫生娘的
好 D 家常菜

　　已經想不起來「他」是多久前去波士頓學習維他命 D 的了，只記得那段日子，他每天很早起來，走好長一段路去搭地鐵，再轉公車到實驗室；只記得那段日子，他從來沒有一天停止學習過……。

　　他從小就是個讀書狂，但也是個徹徹底底的生活白痴，在他的生命裡只有父母和家人，他唯一會的，但也非常精通的就是醫學和維他命 D 了。

　　這是他第三本書，也是第二本寫維他命 D 的書，他和我說，想多一點和第一本《一天一 D》不一樣的內容，他想在書裡教大家怎麼煮出含豐富維他命 D 的料理，當然，他不會……。

　　我雖然很少煮飯，但我天生對煮菜有一點天分，既然他如此要求，我就勉為其難的幫他一下了。這是我第一次寫食譜，也算是第一本書了吧，也許下次，換他在我的書裡寫一個章節了。

　　　　　　　　　　　　　　——醫生娘 劉蘭秦（Violet）

麻油豬肝杏鮑菇湯

材料

豬肝 …… 600g

麻油 …… 2 湯匙

杏鮑菇 …… 2 個

老薑 …… 10 片

冰糖 …… 半茶匙

米酒 …… 400cc

水 …… 400cc

牛奶 …… 300cc

作法

① 將豬肝去除筋膜後，以牛奶浸泡一小時去腥。之後再用水沖洗一下後，以溫水燙至表面呈白色，切成片狀。

② 鍋中倒入麻油，以中火爆香薑片至邊緣捲曲，再放入豬肝，以大火快炒。

〔Tips〕
＊豬肝不要煮到過硬，可在麻油中泡熟。

③ 乾鍋放入切塊的杏鮑菇，炒出水分後，再加入米酒、水，煮滾後加入冰糖攪拌融解即完成。

營養師
小叮嚀

•••> 豬肝含有鐵質、維生素 A、輔酶 Q10 高，適合產後喝，可以增加體力，在女性經期之時做為鐵質補充非常適合。

•••> 對於長輩需要補充維生素 B 群以增加精神體力者，建議豬肝不要煮太久，川燙撈起來即可，能保留最多 B 群的狀態。

•••> 情緒不穩定的時候，來碗豬肝湯，其中含有的維他命 D 與 B 都是調整情緒所需的營養素喔！

鴨肉韭菜花豆干絲

材料

鴨胸肉 …… 300g

小豆干絲 …… 150g

韭菜花 …… 300g

紅辣椒絲 …… 3 支

鹽巴 …… 適量

蔥段 …… 2 支

薑絲 …… 適量

醬油 …… 1 湯匙

蠔油 …… 1 茶匙

白胡椒粉 …… 少許

黑胡椒粉 …… 適量

烏醋 …… 1 湯匙

作法

① 先將鴨胸皮畫出網狀刀紋，以中小火乾煎出鴨油後取出。

② 將鴨肉切絲，再用醬油、蠔油、黑胡椒醃漬一下。

〔Tips〕

＊黑胡椒可多加一點，以去除腥味。

③ 豆乾絲先用鴨油炒香，再加入紅辣椒絲與韭菜花拌抄一下，加入白胡椒、鹽巴調味後盛起。

④ 將蔥段、薑絲爆香，將鴨胸下鍋，加入烏醋嗆鍋，再加入豆乾拌炒後再盛盤。

營養師
小叮嚀

●●● 韭菜花含有豐富葉酸，葉酸攝取不夠或是消耗過多的時候，會導致體內的同半胱胺酸上升，同半胱胺酸（Homocysteine）是一種含硫胺基酸（sulfur-containing amino acid），高量的同半胱胺酸是血管病變的危險因子，會造成血管上皮損傷、刺激發炎反應產生，以及加速氧化型低密度脂蛋白形成，這些作用都會造成血管壁硬化發生，增加心血管風險，食譜中搭配高纖維的韭菜、植物性的蛋白質豆干與適量動物性含有維他命 D 的鴨肉烹調，有益於心血管疾病的保養。

牛番茄蛋黃鑲肉

材料

鴨胸肉 …… 300g

牛番茄（大顆的）…… 4 顆

豬絞肉 …… 400 g

洋蔥 …… 200g

雞蛋 …… 4 顆

蔥末 …… 2 支

薑末 …… 3 片

冰糖 …… 半湯匙

白醋 …… 半湯匙

鹽巴 …… 2 茶匙

醬油 …… 1 茶匙

橄欖油 …… 適量

作法

1. 將大番茄頂部蒂頭切除，將裡面的番茄肉挖出備用。

2. 豬絞肉、碎洋蔥加入一匙鹽巴拌混均勻，填入步驟 1 的番茄裡，在絞肉頂部加上一顆蛋黃蒸熟。

〔Tips〕

＊如果想吃到更細緻的口感，可以先在豬絞肉中分三次加入蔥薑水，以同方向攪拌均勻。

＊番茄皮受熱容易裂開，食用時如不想吃番茄皮可以去除。

3. 在鍋中加入少許橄欖油，加入蔥末、薑末爆香，再加入番茄肉、冰糖、鹽、白醋拌炒均勻，最後在鍋邊慢慢加入醬油嗆香即可盛起，作為番茄絞肉盅的淋醬。

營養師
小叮嚀

●●● 番茄搭配豬絞肉中的油脂，能幫助其中的茄紅素吸收，茄紅素對於男性的攝護腺保養與心血管疾病的預防都非常有幫助。

●●● 蛋黃含有維生素 A、D 等多種營養素，對於蛋奶素的朋友能提供多種營養素，維生素 A 對於常使用 3C 產品而眼乾的朋友也適用，可改善乾澀的症狀。

\ 好D料理No.04 /

花枝彩椒木耳

材料

小花枝 …… 100g

紅椒絲 …… 50g

黃椒絲 …… 50g

黑木耳絲 …… 50g

甜豆 …… 50g

蔥段 …… 1 支

薑絲 …… 10g

香菜 …… 3 根

鹽巴 …… 適量

橄欖油 …… 適量

作法

① 起油鍋，放入蔥段、薑絲以中小火炒一下，再加入紅椒絲、黃椒絲、黑木耳絲、甜豆、花枝拌炒至熟。

② 加入鹽巴調味，最後加入香菜加可盛盤。

營養師
小叮嚀

●●● 各式彩椒都是含有豐富維他命 C 的蔬菜，可以不用炒太久，大概半生熟的狀態即可食用，避免炒太久維他命 C 流失。

●●● 木耳含有豐富的水溶性膳食纖維，有益於腸道蠕動。

●●● 花枝含有礦物質鋅，搭配彩椒的維他命 C 更能增強身體免疫功能，是流感、感冒季節非常應景的菜色。

 \ 好**D**料理No.05 /

鮭魚養氣豆漿鍋

材料

豆漿 …… 500cc

鮭魚片 …… 200g

豬肉片 …… 200g

美白菇 …… 50g

新鮮香菇 …… 2 朵

舞菇 …… 50g

紅棗 …… 3 顆

枸杞 …… 10g

作法

① 將豆漿倒入鍋中，再加入紅棗、枸杞煮滾。

② 加入鮭片、豬肉、菇類，烹煮至熟即可上桌。

〔Tips〕

＊可以用 1 湯匙蔥花、1 湯匙淡醬油、1 湯匙蘿蔔泥調和出沾醬，搭配沾著吃，更加美味。

 營養師 小叮嚀

●●● 有研究指出，舞菇的多醣體對於乳癌的治療與預防都有幫助，烹煮後湯汁會帶有淡淡的黑色是正常的，這是其中的多酚與多醣體的顏色，不需要過濾。若加入生蛋一起煮，需要先將舞菇煮熟再煮蛋，否則舞菇中的蛋白質分解酶會讓蛋無法凝固。

●●● 豆漿中的大豆異黃酮能提升我們女性荷爾蒙，每日適量攝取豆漿500c.c 或是 100 ～ 200 公克的豆製品，對於乳癌、子宮肌瘤者都是在可安心食用的範圍。

●●● 鮭魚含有的 EPA、DHA 與維他命 D，可以提升我們的免疫功能，有益於身體健康。

香菇蛋酥白菜

材料

白菜 …… 400g

雞蛋 …… 2 顆

乾香菇 …… 4 朵，泡發

銀杏 …… 50g

蒜頭 …… 3 顆

白胡椒粉 …… 少許

鹽巴 …… 適量

橄欖油 …… 適量

作法

① 將香菇泡水靜置一會兒。

② 將雞蛋均勻打散成蛋液，加入鹽巴調味，再放入油鍋煎成蛋酥，盛起備用。

③ 將蒜頭以中小火爆香，再加入香菇片、香菇水、白菜、銀杏，煮至白菜軟爛，再加入鹽、白胡椒粉調味即可。

營養師小叮嚀

●●● 銀杏就是白果，除了秋冬天可作為美麗的景觀樹之外，其種仁與皮含白果酸、白果醇、白果酚、銀杏酸、黃酮類化合物等，也是從古至今的植物藥，在動物試驗中有短暫降壓、祛痰、抗疲勞的作用。銀杏不能生吃，會影響凝血功能，每天不得超過 10 顆，避免影響血液正常功能。

●●● 這道料理搭配乾香菇、雞蛋的維他命 D，與抗癌的十字花科好蔬菜——白菜，是預防癌症的絕佳食療組合。

主廚示範
豐盛好D
餐桌

料理示範

雷議宗（雷神主廚）

出生於雲林鄉下務農子弟，曾任五星級飯店行政主廚及餐飲集團專案規劃召集人、德國精品鍋具代言人。

現任職多所大學客座教授及生鮮食品顧問代言人，TVBS「健康 2.0」御用主廚，東森網路節目「誰來上菜」主持人，衛視中文台「請問你是哪裡人」特邀主廚。

一生推廣最優質的食材、最健康的料理、最正確的烹調觀念。座右銘為「做最真實的健康料理，健康料理不是說說而已」。

木耳錦繡炒雞絲

材料

雞胸肉絲 …… 150g

木耳絲 …… 200g

杏鮑菇絲 …… 60g

紅甜椒絲 …… 20g

蒜頭 …… 2 粒

橄欖油 …… 適量

香菇醬油 …… 適量

魚高湯 …… 150cc

香油 …… 少許

青蔥 …… 1 支

白芝麻 …… 適量

作法

① 將蒜頭切成片後放入鍋內,用橄欖油以小火炒出蒜香味。

② 再將雞胸肉絲放入鍋內炒熟。

③ 加入木耳絲、杏鮑菇絲、紅甜椒絲拌炒,再加入香菇醬油及魚高湯一同拌炒。

④ 起鍋前撒上些許的香油、蔥花及白芝麻,即可上桌。

營養師小叮嚀　●●● 含有各式各樣的台灣在地蔬菜加上白肉,可說是道在地化的「地中海式料理」,非常適合不喜歡吃生菜沙拉的人。

木耳蛤蠣燴綠花椰

材料

綠花椰菜 …… 180g

黑木耳 …… 100g

牛奶蛤蠣 …… 10 顆

薑片 …… 兩片

柴魚高湯 …… 160cc

蓮藕粉 …… 少許

橄欖油 …… 20cc

鹽巴 …… 1g

作法

① 將花椰菜洗淨後川燙冷卻備用。

② 鍋內放入橄欖油，以中小火將薑片微微炒香後加入切塊的黑木耳、柴魚高湯及鹽巴。

③ 放入蛤蠣稍微烹煮一下，再將蓮藕粉加點水勾芡加入，放入花椰菜小火燴煮後起鍋即可上桌。

營養師
小叮嚀

●●● 蛤蠣其實也是白肉，再加上綠花椰菜是維他命 C 含量很高的蔬菜，對於容易消耗或是需要較多維他命 C 的族群，如有高度壓力，或抽菸、有牙周病（也容易有心血管疾病）的人，都很適合食用。

木耳薑汁燒肉片

材料

黑木耳絲 …… 100g

里肌肉片 …… 200g

蒜頭 …… 2 顆

洋蔥絲 …… 30g

紅蘿蔔絲 …… 30g

橄欖油 …… 適量

蘋果泥 …… 20g

香菇醬油 …… 適量

青蔥 …… 1 支

薑泥 …… 10g

米酒 …… 少許

作法

① 鍋中加入橄欖油、蒜片、洋蔥絲、紅蘿蔔絲，以中小火炒香。

② 再將里肌肉片及黑木耳絲放入鍋內一同拌炒均勻，加入蘋果泥、香菇醬油、米酒調味後，煮至呈紅燒的顏色即可起鍋。

③ 起鍋前加入薑泥，使薑香味四溢，撒上蔥花即可上桌。

營養師
小叮嚀

● ● ● 薑可調整木耳的寒性，讓身體偏寒或容易拉肚子的人也可食用，且薑還具有抗氧化、抗發炎，及預防心血管疾病等好處。加入蘋果泥，可讓味道更柔和，不喜歡薑的人，也不必擔心薑味過重。

● ● ● 洋蔥有益於預防骨質疏鬆，具保骨之效。洋蔥也可增加食物香氣，讓胃口不好的人產生食慾。有些人可能吃洋蔥會脹氣，只要把洋蔥煮熟煮軟一點，就比較不易脹氣了。

鮭魚蔬菜豆腐煲

材料

鮭魚丁 …… 200g

低脂豬絞肉 …… 100g

豆腐丁 …… 100g

青椒丁 …… 60g

紅番茄丁 …… 50g

玉米粒 …… 80g

蛋黃 …… 1 顆

洋蔥碎 …… 15g

蒜頭碎 …… 3 粒

薑片 …… 少許

豆瓣醬 …… 適量

醬油 …… 適量

胡椒粉 …… 少許

海苔絲 …… 適量

蓮藕粉 …… 少許

苦茶油 …… 少許

作法

① 鍋內放入苦茶油，再加入鮭魚丁、豬絞肉，以中小火煎炒至香味四溢，再放入洋蔥碎、蒜頭碎、薑片一同炒香。

② 放入豆腐丁、青椒丁、紅番茄丁、玉米粒，將所有食材炒熟後，放入豆瓣醬、醬油、胡椒調味後並煨煮至滾，再加入調和好的蓮藕粉水勾芡。

③ 起鍋前加入蛋黃拌勻、撒上海苔絲即可上桌。

營養師
小叮嚀

●●● 一餐中能提供四種蛋白質食物，增加不同的礦物質來源。礦物質在體內扮演調節生理機能、幫助我們維持正常的運作，好比汽車加上機油才能開啟引擎最好的動力。

●●● 玉米粒含有的葉黃素也能幫助我們眼睛的健康。番茄護心，洋蔥提升免疫力，多種植化素才能提升人體最佳機能的運作。

 \ 好D料理No.11 /

水蒸田園焗鮭魚

材料

鮭魚 …… 300g

海鹽 …… 少許

烤肉醬 …… 30cc

白花椰菜 …… 60g

綠花椰菜 …… 60g

牛番茄 …… 1 顆

鳳梨 …… 160g

起司絲 …… 80g

綜合香料 …… 適量

研磨胡椒粉 …… 適量

作法

① 將鮭魚撒上些許的海鹽，放入鍋內，以中小火煎至表面上色後，反覆塗上烤肉醬約兩三次，取出備用。

② 將白、綠花椰菜切塊，以滾水煮一下撈起放入炒鍋中，再放入牛番茄塊、鳳梨塊，一起拌炒均勻，再盛入焗烤盅，並將鮭魚肉放置蔬菜內。

③ 撒上起司絲、蓋上鍋蓋，悶煮約 3 分鐘即可開蓋，撒上綜合香料、胡椒即可。

 營養師 小叮嚀

●●● 鮭魚的油脂含量比較高，加上鳳梨一起食用可幫助消化；搭配富含茄紅素的牛番茄，以及白花椰菜和綠花椰菜等十字花科的好蔬菜，含有多酚類、黃酮類、硫化合物等，對於癌症預防都是有幫助的，同時對心血管疾病患者也是很健康的地中海飲食。

●●● 可以嘗試使用不同風味的天然起司做搭配，能增加不同的變化。

和風鮭魚炊飯

材料

糙米飯 …… 120g

南瓜塊 …… 60g

魚高湯 …… 300cc

鮭魚丁 …… 120g

泡菜 …… 20g

鴻禧菇 …… 50g

番茄丁 …… 50g

香菜 …… 15g

香菇醬油 …… 少許

橄欖油 …… 適量

蒜頭碎 …… 4 粒

腰果碎 …… 適量

香油 …… 適量

作法

① 首先將糙米加入南瓜塊及與魚高湯煮熟後備用。

② 開中小火,將鮭魚丁放入鍋內與橄欖油及蒜頭碎煎炒至香味四溢,再依序放入鴻禧菇、泡菜、番茄丁及香菇醬油,拌炒均勻。

③ 備一個砂鍋溫熱後淋上些許的香油,依序放入糙米飯及拌炒好的配料、香菜、腰果即可食用。

營養師
小叮嚀

●●● 糙米飯富含維生素 B 群,和南瓜一樣,都含有豐富的膳食纖維,這道料理多了這兩道主食,可幫助腸胃的蠕動,增加腸道健康。預防大腸癌需要高纖維飲食,這就是一道非常好的全料理概念。

甘露煮秋刀魚

材料

秋刀魚 …… 2 尾

薑片 …… 5 片

青蔥 …… 2 支

紫蘇梅 …… 3 粒

香菇醬油 …… 2 小匙

砂糖 …… 少許

水 …… 適量

苦茶油 …… 適量

作法

① 首先將秋刀魚洗淨擦乾。開中小火,鍋內放入少許苦茶油,再將秋刀魚放入煎至 5 分熟。

② 放入薑片及蔥段稍微煸香之後,加入水、香菇醬油、砂糖,小火煨煮約 40 分鐘至魚肉軟化,盛起並搭配紫蘇梅,即可上桌。

● ● ● 秋刀魚經濟實惠,含有豐富的 EPA、DHA,因為油脂含量高,有

**營養師
小叮嚀**
些人會覺得魚腥味較重,食譜中的紫蘇梅能去腥解油膩,若手邊沒有紫蘇梅,可在食用時加檸檬、醋做成沾醬以提升風味,其醬汁加入香菇與洋蔥一起煮,除了對味外,對於膽固醇、三酸甘油脂高者,一週攝取三次的高油脂魚有助於血脂的控制。

\ 好D料理 No.14 /

照燒秋刀魚

材料

秋刀魚 …… 2 尾

鹽 …… 少許

薑片 …… 3 片

橄欖油 …… 1 茶匙

照燒醬 …… 適量

檸檬 …… 1 小塊

作法

① 將秋刀魚洗淨擦乾後，撒上鹽巴略醃漬備用。

② 開小火，將鍋內放入橄欖油及薑片微熱油後，再放入秋刀魚用小火煎至熟成（上下面各約 2 ～ 3 分鐘）。

③ 反覆塗上約三次照燒醬煎至上色，起鍋前擠些許檸檬汁即可食用。

營養師 小叮嚀

●●● 受便祕所苦的人，可以在吃秋刀魚時搭配牛蒡，以增加纖維的攝取。牛蒡是高纖維蔬菜，大約一個立可帶大小的牛蒡，一盤的量就約有三碗高麗菜的纖維，可見它的纖維含量是非常高的。

香菇鮮蚵砂鍋粥

材料

鮮蚵 …… 150g

白米飯 …… 150g

豚骨高湯 …… 兩包

乾香菇絲 …… 30g

雞蛋 …… 1 顆

鹽巴 …… 少許

米酒 …… 少許

芹菜碎 …… 少許

海苔絲 …… 適量

作法

① 鍋內放入白米飯與豚骨高湯、乾香菇絲、鹽巴、米酒,以中火熬煮。

② 米飯煮至軟爛後放入鮮蚵煮滾至熟成,再加入一顆雞蛋花。

③ 準備一個溫熱砂鍋,將煮好的鮮蚵粥倒入,再放入芹菜碎及海苔絲即可上桌。

營養師 小叮嚀

●●● 鮮蚵含有礦物質鋅,可增強免疫力,對於像是化療後胃口不好的人或是缺乏鋅的老人家,皆有提升其胃口、增加食慾的功能。

日式胡麻佐香菇

材料

新鮮香菇 …… 150g

四季豆 …… 50g

白芝麻 …… 3 大匙

苦茶油 …… 少許

水 …… 1 小匙

鹽巴 …… 適量

砂糖 …… 1 大匙

味醂 …… 1 小匙

柴魚醬油 …… 1 匙

香油 …… 少許

作法

① 水中放入 1 小匙鹽煮滾，再放入四季豆川燙後，切段備用。

② 將香菇切塊後放入油鍋中，煎炒至熟軟後，冷卻備用。

③ 取一小碗，加入砂糖、味醂、柴魚醬油、香油，攪拌均勻，再放入香菇、四季豆拌勻輕醃漬一下。

④ 將香菇、四季豆盛盤後，撒上白芝麻即可食用。

營養師
小叮嚀

●●● 這道簡單的料理，除了可以獲取維他命 D 之外，四季豆的菸鹼酸、香菇的多醣體，及二者的膳食纖維等，都很適合新陳代謝症候群的人食用。

●●● 富含維生素 E 的白芝麻，可保護我們體內的細胞膜不易氧化，是非常重要的抗氧化物質，也有助皮膚健康。

紅燒香菇獅子頭

材料

【獅子頭】

豬絞肉 ⋯⋯300g

薑末 ⋯⋯10g

蔥花 ⋯⋯10g

鹽巴 ⋯⋯1 小匙

胡椒粉 ⋯⋯1 小匙

砂糖 ⋯⋯1 小匙

雞蛋 ⋯⋯1 顆

地瓜粉 ⋯⋯少許

新鮮香菇 ⋯⋯150g

【白菜湯底】

橄欖油 ⋯⋯適量

蔥段 ⋯⋯3 支

薑末 ⋯⋯10g

蒜頭 ⋯⋯4 顆

辣椒 ⋯⋯1 支

大白菜 ⋯⋯300g

醬油 ⋯⋯少許

豆瓣醬 ⋯⋯適量

豚骨高湯 ⋯⋯1 包

作法

① 取一容器，放入豬絞肉、薑末、蔥花、鹽、胡椒粉、砂糖、地瓜粉、蛋，充分攪拌均勻並拍打，捏成球狀後，蓋在香菇下方，再放入油鍋內煎炸至金黃色，撈起備用。

② 準備一個炒鍋，放入橄欖油，再將蔥、薑、蒜、辣椒炒香後，放入大白菜炒至熟軟，加入醬油、豆瓣醬調味，再加入高湯滾煮。

③ 將步驟 1 的獅子頭放入砂鍋內，再熬煮約 30 分鐘，起鍋前撒上蔥段即可食用。

營養師
小叮嚀

●●● 這道傳統料理中常添加大白菜和香菇，大白菜是屬十字花科的青菜，對於各種癌症預防是很重要的蔬菜，搭配香菇可更加提升身體的自我免疫功能。

魚香蒼蠅頭

材料

台灣鯛魚丁 …… 200g

低脂絞肉 …… 50g

水煮黑豆 …… 50g

乾香菇丁 …… 60g

竹筍丁 …… 60g

蘋果丁 …… 100g

韭菜花丁 …… 150g

青蔥 …… 1 支

蒜頭 …… 4 顆，切末

橄欖油 …… 適量

【 調味料 】

低鈉辣椒醬 …… 適量

醬油 …… 1 匙

米酒 …… 少許

作法

① 鍋中倒入橄欖油以中小火加熱，將台灣鯛魚丁、低脂絞肉、蒜末一同放入鍋內拌炒均勻。

② 依序放入黑豆、乾香菇丁、竹筍丁、蘋果丁及調味料，炒至香味四溢。

③ 最後再將蔥花、韭菜花丁放入鍋中拌炒至熟，即可起鍋。

營養師
小叮嚀

●●● 鯛魚幾乎沒有腥味，對於不喜歡魚味的人是很好的選項。也由於此類魚味道較淡，所以可以加一些重口味的蔬菜，像這道料理裡的香菇丁、韭菜花丁等，可增加其風味。而黑豆可提供蛋白質，蘋果丁則可增添天然甜味，減少用糖。

●●● 這道料理增添多種蔬菜的風味香氣，可減少鹽分的添加，很適合高血壓族群做為風味料理。

彩椒糖醋金目鱸魚

材料

金目鱸魚 …… 1 尾

青椒丁 …… 40g

紅椒丁 …… 40g

洋蔥丁 …… 30g

木耳丁 …… 30g

鳳梨丁 …… 30g

鳳梨糖醋醬 …… 適量

蒜頭 …… 2 顆，切片

橄欖油 …… 適量

作法

① 鍋中倒入橄欖油以中小火加熱，將金目鱸魚放入鍋內，將雙面煎至呈金黃色後起鍋備用。

② 在鍋內放入蒜片、青椒丁、紅椒丁、洋蔥丁、木耳丁、鳳梨丁等蔬菜，炒至香味四溢。

③ 將煎好的魚肉輕輕放入鍋內，再加入鳳梨糖醋醬拌炒均勻，待稍微收汁後即可起鍋。

營養師
小叮嚀

● ● ● 鱸魚和鯛魚都是屬於白肉，是海鮮類的蛋白質來源，這道料理加了很多種類的蔬菜，很適合作為在地化的地中海飲食料理。不要以為地中海飲食都是以魚為主，其實它的蔬菜比例是較重的，這道食譜加入了五色蔬菜（白色洋蔥、紅色紅椒、綠色青椒、黃色鳳梨、黑色木耳），可以讓植化素的種類更多元，更加強保護心血管，預防疾病的發生。

● ● ● 一般人會覺得魚類應該都會含有維他命 D，不過鱸魚屬於脂肪含量少的魚，而維他命 D 是脂溶性營養素，所以相對其含量會比鮭魚、秋刀魚少。

山藥鴨肉煲湯

材料

鴨肉 …… 半隻，切塊

山藥 …… 150g

老薑 …… 60g

蒜頭 …… 80g

乾香菇 …… 8 朵

高湯 …… 適量

蛤蠣 …… 100g

鹽巴 …… 少許

米酒 …… 適量

香油 …… 少許

作法

① 煮一鍋熱水，將鴨肉放入川燙一下，再撈起洗淨備用。

② 準備電鍋內鍋（或燉鍋），將鴨肉、山藥、老薑、蒜頭、乾香菇、高湯、鹽、米酒放入，外鍋放入約兩杯量米杯的水，按下開關燉煮。

③ 待開關跳起，放入蛤蠣及香油，蓋上鍋蓋悶約 5 分鐘後即可開鍋食用（若是使用燉鍋熬煮，約煮 45 分鐘再放入蛤蠣，待蛤蠣全開即可關火）。

營養師
小叮嚀

●●● 蒜頭稱為食療中的抗生素，對於一些細菌性的感冒有所幫助，其中含有的大蒜素能提升免疫功能。山藥中的澱粉有益於胃部黏膜的保護，胃潰瘍者除了學習減法減壓生活外，食療中加上山藥，不管生吃拌飯或是煮熟煮湯都是非常好的搭配。

麻油嫩菇鴨肉煲

材料

昆布 …… 1 小塊

高湯 …… 適量

鴨肉 …… 半隻，切塊

麻油 …… 少許

乾香菇 …… 40g

鴻禧菇 …… 30g

杏鮑菇 …… 50g

木耳絲 …… 30g

薑末 …… 適量

蒜末 …… 適量

米酒 …… 少許

枸杞 …… 適量

蔥段 …… 適量

作法

① 將昆布洗淨後與高湯放入鍋內，煮滾成湯底備用。

② 準備一個鍋子先倒入麻油加熱，再依序放入菇類食材、木耳絲及蒜末、薑末炒香，最後再放入鴨肉。

③ 將高湯、米酒、枸杞加入鍋中，以中小火將鴨肉煲煮至軟爛，最後再放入蔥段即可上桌。

營養師小叮嚀

●●● 鴨肉屬於白肉，料理時再多添加一些菇類和木耳絲，就是有益於三高的朋友代替紅肉食用的料理。

古法三杯鴨肉

材料

鴨肉塊 ⋯⋯ 半隻

杏鮑菇 ⋯⋯ 50g

南瓜丁 ⋯⋯ 50g

花椰菜丁 ⋯⋯ 50g

老薑 ⋯⋯ 6 片

蒜頭 ⋯⋯ 8 粒

九層塔 ⋯⋯ 50g

蔥段 ⋯⋯ 1 支

辣椒段 ⋯⋯ 1 條

麻油 ⋯⋯ 適量

【調味料】

米酒 ⋯⋯ 適量

鹽巴 ⋯⋯ 少許

醬油 ⋯⋯ 適量

糖 ⋯⋯ 適量

作法

① 鍋內放入麻油以中小火加熱，放入老薑片、蒜頭後，再放入鴨肉炒香。

② 加入杏鮑菇、南瓜、花椰菜、蔥段、辣椒、所有調味料拌均一下，以小火煨煮至微微收汁。

③ 起鍋前加入九層塔及些許的麻油悶煮約 30 秒即可食用。

營養師 小叮嚀

●●● 此道料理搭配許多蔬菜，以南瓜為主食，並有鴨肉的蛋白質，一鍋料理就含有全營養，包含優質澱粉、蛋白質、脂肪、膳食纖維。

五蔬田園滑蛋

材料

肉絲 …… 80g

洋蔥丁 …… 30g

蘋果丁 …… 50g

紅蘿蔔丁 …… 50g

南瓜丁 …… 50g

花椰菜丁 …… 50g

雞蛋 …… 3 顆

無糖豆漿 …… 80cc

青蔥 …… 適量

鹽 …… 少許

白胡椒粉 …… 少許

橄欖油 …… 適量

作法

① 鍋內放入橄欖油以中小火加熱,再加入肉絲、洋蔥丁先略為炒香上色。

② 再加入蘋果丁、紅蘿蔔丁、南瓜丁、花椰菜丁等蔬果,以中小火微微拌炒至熟,再加入鹽、白胡椒調味。

③ 打入雞蛋,加入豆漿一同拌炒,起鍋前再度撒上些許橄欖油及青蔥增添滑嫩度及香味即可上桌。

營養師
小叮嚀

●●● 這道料理適合所有人,針對血糖高的朋友可以另外加上半碗約100 公克的糙米飯做為正餐,對於實行低醣飲食減重的朋友,此道料理含有的醣質約 20 公克,為一道均衡的全料理飲食(包含優質澱粉、蛋白質、脂肪、膳食纖維)。

和風鰻魚滑蛋鍋

材料

鰻魚 ⋯⋯ 250g

豆腐丁 ⋯⋯ 40g

高麗菜絲 ⋯⋯ 150g

木耳絲 ⋯⋯ 50g

香菇絲 ⋯⋯ 50g

鴻禧菇 ⋯⋯ 50g

柴魚高湯 ⋯⋯ 350cc

雞蛋 ⋯⋯ 2 顆

蒜末 ⋯⋯ 3 粒

香菜 ⋯⋯ 適量

橄欖油 ⋯⋯ 適量

【調味料】

鹽巴 ⋯⋯ 適量

昆布醬油 ⋯⋯ 適量

研磨胡椒粉 ⋯⋯ 少許

作法

1. 鍋內加入橄欖油、蒜頭，以中小火炒香，再加入高麗菜絲、木耳絲、菇類食材，拌炒至香味四溢。

2. 加入高湯、調味料後，再放入鰻魚及豆腐丁悶煮至入味。

3. 起鍋前將蛋打散，平均倒入鍋內呈滑蛋狀即可，最後放入香菜即可上桌。

營養師
小叮嚀

●●● 此道料理也很適合想要攝取低醣及需要減重的人，除了提供優質蛋白質的蛋與鰻魚、豆腐外，再加上攝取比例至少有 1：2 的蔬菜量，就是正確的低醣飲食。

農村茶油煎豬肝

材料

豬肝 …… 350g

板豆腐 …… 1 塊

乾香菇 …… 4 朵

豚骨高湯 …… 適量

青花椰菜 …… 適量

紅棗 …… 8 粒

苦茶油 …… 適量

【 調味料 】

海鹽 …… 少許

米酒 …… 適量

薄鹽醬油 …… 適量

作法

① 將豬肝切塊後放入鍋內，用苦茶油以中小火煎熟後取出備用。

② 放入乾香菇、豆腐以小火煎炒熟，再加入豚骨高湯、紅棗、調味料煮滾。

③ 再將豬肝放入鍋內微煮後起鍋盛盤，擺上燙熟的花椰菜即可食用。

營養師小叮嚀

••• 要實行低醣減重飲食的人，這道料理直接當一道正餐來食用也很適合，若覺得吃不飽，可以增加乾香菇和青花椰菜的量，以增進飽足感。

花雕砂鍋煨豬肝

材料

豬肝 …… 300g

豚骨高湯 …… 150cc

蒜片 …… 6 粒

老薑片 …… 8 片

紅蔥頭 …… 6 粒

乾辣椒 …… 3 支

鹽 …… 1 小匙

豆瓣醬 …… 1 茶匙

橄欖油 …… 2 大匙

蔥段 …… 1 根

花雕酒 …… 250cc

蠔油 …… 1 大匙

作法

① 豬肝切塊，加入鹽醃漬約 15 分鐘備用。

② 炒鍋中加入橄欖油，放入步驟 1 的豬肝塊，以中小火微炒後取出備用。

③ 備一砂鍋，放入蒜片、薑片、紅蔥頭、乾辣椒以小火炒至香味四溢，接著放入步驟 2 的豬肝拌炒，再加入豆瓣醬炒均勻。

④ 加入花雕酒、蠔油與高湯，以小火悶煮，起鍋前撒上蔥段即可。

營養師小叮嚀

••• 如果要作為一餐，建議可以再搭配高麗菜或白菜等葉菜類，以增加青菜的攝取量。若要給老年人食用，可以將這兩種菜燉煮至軟爛，方便入口。

好D料理上桌
守護全家人的健康

黑木耳

鮭魚

秋刀魚

香菇

HealthTree
健康樹　　健康樹系列 134

每日好 D【實踐版】

江坤俊醫師的日日補 D 計畫，幫你找回身體不足的維他命 D、抗癌護健康

作　　　者	江坤俊
總 編 輯	何玉美
主　　編	紀欣怡
攝　　影	力馬亞文化創意社
插　　畫	謝欣錦、莊欽吉
封面設計	比比司工作室
內文排版	比比司工作室

出版發行	采實出版集團
行銷企劃	陳佩宜·黃于庭·馮羿勳·蔡雨庭
業務發行	張世明·林踏欣·林坤蓉·王貞玉
國際版權	王俐雯·林冠妤
印務採購	曾玉霞
會計行政	王雅蕙·李韶婉
法律顧問	第一國際法律事務所 余淑杏律師
電子信箱	acme@acmebook.com.tw
采實官網	www.acmebook.com.tw
采實臉書	http://www.facebook.com/acmebook01

I S B N	978-986-507-077-9
定　　價	360 元
初版一刷	2020 年 2 月
初版四刷	2022 年 6 月
劃撥帳號	50148859
劃撥戶名	采實文化事業有限公司
	104 台北市中山區南京東路二段 95 號 9 樓
	電話：（02）2511-9798
	傳真：（02）2571-3298

國家圖書館出版品預行編目（CIP）資料

每日好 D：江坤俊醫師的日日補 D 計畫，幫你
找回身體不足的維他命 D、抗癌護健康 / 江坤俊
作 . -- 初版 . -- 臺北市：采實文化，2020.02
　面；　公分
ISBN 978-986-507-077-9（平裝）

1. 維他命 D 2. 營養 3. 食譜

399.64　　　　　　　　　　108021954

采實出版集團
ACME PUBLISHING GROUP